Claude ROUQUETTE

ENERGIAS BIOLÓGICAS BAIXAS

Claude ROUQUETTE

ENERGIAS BIOLÓGICAS BAIXAS

Ensaio sobre a evolução biológica e as transformações da civilização

ScienciaScripts

Imprint

Any brand names and product names mentioned in this book are subject to trademark, brand or patent protection and are trademarks or registered trademarks of their respective holders. The use of brand names, product names, common names, trade names, product descriptions etc. even without a particular marking in this work is in no way to be construed to mean that such names may be regarded as unrestricted in respect of trademark and brand protection legislation and could thus be used by anyone.

Cover image: www.ingimage.com

This book is a translation from the original published under ISBN 978-620-3-41730-2.

Publisher:
Sciencia Scripts
is a trademark of
Dodo Books Indian Ocean Ltd. and OmniScriptum S.R.L publishing group

120 High Road, East Finchley, London, N2 9ED, United Kingdom
Str. Armeneasca 28/1, office 1, Chisinau MD-2012, Republic of Moldova, Europe
Printed at: see last page
ISBN: 978-620-7-71835-1

Copyright © Claude ROUQUETTE
Copyright © 2024 Dodo Books Indian Ocean Ltd. and OmniScriptum S.R.L publishing group

Conteúdo

A suite naturalista sobre processos complexos em Biological Evolution and the Transformations of Civilization é composta por quatro volumes cronológicos:

Volume I: Les fougeres noires.

Volume II: L'Euprocte des Pyrenees.

Volume III: O castor de Cevennes.

Volume IV: Indri indri, uma viagem às origens da humanidade.

Seguido de três ensaios:

- Energias biológicas baixas.

- L'Homme desarticule.

- A sétima corda.

Outras obras do autor sobre a história da marinha e das Cevennes, uma introdução à exploração científica dos mares, oceanos e continentes.

- O colégio de Neptuno. (Les Presses du Midi)

- Memórias de mar, célebres.

Prefácio

Depois de ter escrito vários livros sobre processos evolutivos complexos, o ensaio de Claude Rouquette revela a maturidade de uma reflexão aprofundada sobre a involução dos organismos vivos e as consëquências singulares que resultam das nossas interacções e coacções sociais. Na sua investigação darwiniana, que combina o seu conhecimento metódico da biologia evolutiva com uma abordagem civilizacional, a sua experiência de ambientes extremos e de situações de crise deu-lhe o espaço intelectual e a racionalidade científica para desenvolver os seus dons de analista e humanista.

Hoje, depois de uma carreira excecional como historiador e naturalista marinho, encontrou nos "elementos de transição divergente" o material para um ensaio original sobre a evolução das espécies cujas trajectórias parecem estar determinadas, mas que, no entanto, estão ligadas a flutuações discretamente aleatórias.

Conheci bem o autor numa altura de grande instabilidade operacional e de mudanças dramáticas. As nossas longas conversas, em missões no Médio Oriente e a bordo de porta-aviões então equipados com armas nucleares, deixaram-me profundamente impressionado e fizeram-me ver que, para além de ser um reconhecido especialista em segurança, era um homem com uma notável vontade de aprender e compreender, sempre pronto a envolver-se quando o conhecimento era insuficiente.

Foi também uma época em que o empenhamento pessoal e a inovação construtiva puderam florescer num espírito de responsabilidade na prossecução do interesse geral, libertando-se, quando necessário, de regras castradoras.

Na sua obra, com a resolução, a paciência e a meticulosidade que lhe são reconhecidas, descreve as componentes mais subtis e complexas da compreensão do ser. A originalidade de Etude está em identificar os sinais fracos daquilo a que chamamos vulgarmente alea e acaso, para tornar provável a elucidação do acontecimento mais vulgar ou insólito. Este é o princípio da razão e do conhecimento do funcionamento interno de uma mente que se desenvolve pela consciência no meio de instintos sublimes.

Permite compreender até as mutações mais aparentemente inócuas. Através da observação da realidade, guiada por uma lógica sistémica, revela os episódios que dependem deste ou daquele critério da vida biológica, fazendo referência lúcida a pesquisas anteriores sobre o assunto. Recorda-os com precisão e referências.

A primeira qualidade deste trabalho é a de apresentar as situações como factores potenciais de caraterização dos sistemas físicos, biológicos e sociais de processos complexos, incitando à reflexão sobre a dinâmica dos vectores endógenos e exógenos de variabilidade nos critérios de evolução contingente das espécies.

A contribuição aqui dada para uma melhor compreensão das baixas energias biológicas confere a esta coleção uma força subjacente às nossas emoções, recordando-nos com humildade a transição inacabada da nossa condição humana.

Capitão (h)
Jean-Claude RICHARD
Antigo Diretor-Geral da Fondation mediterraneenne
de estudos estratégicos
Le Beausset, 15 de abril de 2021

3

Agradecimentos

Gostaria de expressar a minha gratidão ao Contra-Almirante (2s) Jacques Branellec pela confiança que depositou em mim durante as minhas colocações no porta-aviões *Foch* e no *Corpo de Bombeiros Marítimos de Marselha*.

Gostaria de expressar os meus sinceros agradecimentos ao Capitão Jean-Claude Richard, que gentilmente aceitou prefaciar este ensaio. A sua carreira de oficial de marinha e o seu percurso na sociedade civil são um exemplo e um incentivo para as jovens gerações que olham para o futuro.

Não posso esquecer o Major Jean-Jacques Desroziers, os meus colegas oficiais e marinheiros, os mecânicos de segurança, os carpinteiros e os bombeiros com quem tive a honra de servir na marinha francesa.

Muito obrigado pela sua amável amizade aos naturalistas Sylain Mahuzier e Jean-Pierre Sylvestre.

Este ensaio é uma homenagem ao falecido Doutor em Biologia Chomin Cunchillos, autor de *"Caminhos da Emergência"*. Como assistente do biólogo espanhol Faustino Cordon (1909-1999) e da sua filha Teresa, trabalhou na teoria das unidades de nível de integração.

Obrigado a Patrick Tort, filósofo e historiador da ciência, diretor do Charles Darwin Institute International.

Prefácio

Durante a redação da suite naturalista em quatro volumes, no âmbito da minha investigação fundamental e aplicada sobre a evolução biológica e as transformações da civilização, surgiram várias questões sobre as energias *"em jogo"* nos ciclos de vida das espécies vegetais e animais observadas. Os processos evolutivos complexos são, por definição, altamente integrados e a sua natureza combinatória gera variações fundamentalmente aleatórias na sua relação darwiniana com os constrangimentos selectivos e as circunstâncias aleatórias.

Durante a revolução de uma espécie, desde as suas origens, devido a esta contingência evolutiva repetida, durante a reprodução de gerações sucessivas, a estocasticidade que resulta das transições de fase entre linearidade e não linearidade durante divergências singulares pode ser observada nas árvores filogenéticas reconstituídas das espécies. Durante estas bifurcações, podemos analisar as suas trajectórias evolutivas em diferentes níveis de integração, que podem ser divididos em estratos que representam as suas unidades biológicas. Em cada divergência, os valores críticos de estocasticidade que causam estas singularidades são coeficientes de adaptabilidade sem dimensão normalizados, com os quais é possível explorar os padrões evolutivos notáveis de uma espécie, como a sua especiação, diversidade ou extinção. O método de análise dos processos evolutivos complexos permite aceder às diferentes unidades de nível de integração, utilizando as disciplinas científicas adequadas para identificar as coerências vitais mais indistinguíveis.

Este ensaio naturalista sobre as baixas energias biológicas leva-nos à fronteira entre a mecânica quântica e a física estatística.

Introdução

Do átomo ao homem.

Como prelúdio a esta dissertação naturalista sobre a baixa energia biológica, relato a minha experiência como oficial da marinha especializado em segurança e ambiente para explicar a motivação que me levou a estudar os complexos processos de evolução biológica e as transformações da civilização ao longo de cerca de quarenta anos.

No final deste relato preliminar, expus os princípios fundamentais que tinha inicialmente retido para constituir os meus primeiros modëles de resolução de processos ëvolutivos complexos. Para argumentar as minhas propostas, rësumë as principais lições retiradas dos estudos fundamentais e aplicados num conjunto naturalista cronológico rëdigëe em quatro volumes, nos quais introduzi progressivamente conceitos-chave.

Deste modo, a transição de fase estocástica entre linearidade e não linearidade permitiu-me sondar os espaços singulares de divergência e os seus estratos associados, que "*reflectem*" a adaptabilidade que se manifesta durante a revolução das espécies. As trajectórias das suas filogenias, reconstruídas com paciência e parcimónia por paleontólogos e sistematas, apresentam numerosas ramificações arbóreas muito divergentes, cuja dinâmica pode ser comparada a mosaicos resultantes de incessantes interacções complexas.

O tomo dedicado ao "***Castor** fiber, des Cevennes*" deu-me a conhecer as reacções do organismo ao stress térmico e hídrico sofrido por uma pequena população de castores përiodicamente isolados durante as secas estivais num afluente do Cëze. Durante vinte anos de observações, estudei um caso provável de especiação, desenvolvendo modelos de aproximação derivados da filogenia dos Castorídeos, corrigidos por modelos de teste através da assimilação de dados de observações, para determinar a probabilidade de divergência desta pequena população sujeita a severas restrições selectivas naturais e antropogénicas.

No volume dedicado ao ***Calotriton** asper asper*, este Urodele fez-me muitas perguntas sobre as capacidades de adaptação dos lissamfíbios e, em particular, sobre as suas condições de vida a baixas temperaturas em altitude:
- A adaptação da sua respiração cutânea à vida na água e em terra, em altitude e a baixas temperaturas, nomeadamente durante a hibernação.
- O seu desenvolvimento e metamorfose.
- A sua capacidade de regenerar um órgão.

Assim, do primeiro ao quarto volume da suite naturalista, remontando às plantas fossilizadas das Cevennes carboníferas ao Lemuriano, ***Indri** indri*, numa viagem às origens da Humanidade: deparei-me com o problema da gestão da energia que contribui para a adaptabilidade de uma espécie, para manter a sua coerência vital, durante a sua relativa perenidade no espaço e no tempo, no decurso da sua evolução biológica.

No que diz respeito à espécie humana, tendo em conta a sua ëvolução e história, a utilização socioeconómica dos recursos como "*matéria e energia*" necessária às transformações da civilização pareceu-me essencial para assegurar as indispensáveis coerências vitais gerando as coesões sociais que mantêm a sociedade no seu estado civilizado, um efeito reversivo (Tort,1983), exclusivo, entre os seres vivos.

Em comparação com as fracas energias biológicas utilizadas numa célula, o nível de potência das nossas necessidades energéticas é exorbitante, se não mesmo excessivo. Para adquirir este conhecimento, vi desmoronar civilizações inteiras durante as minhas viagens pelo mundo, entrando em contacto com populações em crises incessantes e conflitos mortíferos nos quais estive envolvido para ajudar a garantir o abastecimento de petróleo, um recurso natural desperdiçado nas auto-estradas do consumo excessivo e do lazer que finge ser verde...

À medida que a minha investigação avançava, havia níveis de resolução que colocavam problemas de transição que encontrei tanto na biologia evolutiva como na civilização enfraquecida pelas nossas acções mais deletérias para o futuro da humanidade, das espécies e dos seus ambientes. Tive de explorar as chaves da vida a partir do nível atómico, utilizando a mecânica quântica cujos efeitos são, no mínimo, discretos e aleatórios, em comparação com a física estatística dos domínios termo-hidrodinâmicos, mais acessíveis aos nossos sentidos...

No primeiro capítulo, apresentamos duas partículas não tão elementares que estão muito envolvidas na fisiologia, no catabolismo e no metabolismo celular. O protão e o eletrão são descritos pela mecânica quântica e pela teoria de campo com o mesmo nome.

No final desta apresentação essencial, abordaremos este aspeto da matéria-energia, enquanto partícula e onda, cujos campos se manifestam num organelo da célula animal, a mitocôndria.

No segundo capítulo, dedicarei algum tempo a descrever a mitocôndria, em particular o transporte de electrões nos complexos básicos de protëinas embebidos na membrana interna deste organelo da célula animal, juntamente com a translocação de protões entre a matriz e o espaço intermembranar, onde se forma um campo de protões de impulso limiar, que estamos a tentar modelar.

No terceiro capítulo, discutiremos a capacidade deste campo de protões para coordenar a atividade celular e do organismo, para *"ver"* como um tal processo fundamentalmente quântico emerge e se singulariza em cada nível de resolução biológica.

Em jeito de conclusão, depois de formular algumas pistas hipotéticas de investigação sobre as energias biológicas baixas e as unidades de nível de integração aplicadas à teoria dos processos evolutivos complexos. Detemo-nos nos estratos geradores de energia da civilização, que geram atualmente situações muito preocupantes que exigem uma exploração científica a longo prazo, tanto a nível global como local.

Foram estas as circunstâncias críticas que vivi durante sucessivas missões a bordo de navios de combate da Marinha francesa em operações ultramarinas e em França.

Durante os meus anos de serviço na Dëfense Nationale, usei na manga do meu casaco de suboficial e no meu casaco de oficial da Marinha, de segundo suboficial a major, a insígnia da especialidade de eletromecânico de segurança (E.m.sec.). À volta do *"S"* de segurança, rodeado de uma roda dentada e de alguns raios, estavam dois electrões que nos davam a perícia na defesa contra os agressores nucleares e outras invenções de destruição maciça, quer bacteriológicas quer químicas.

Esta especialidade foi criada nos anos 60, com base na experiência dos mecânicos, electricistas e carpinteiros marítimos que combatiam o fogo e as vias navegáveis durante as batalhas navais a bordo dos navios da Royal Navy. Os E.m.sec. e os bombeiros marítimos são herdeiros de uma longa experiência de organização da segurança a bordo dos navios de combate da Marinha e dos ensinamentos retirados dos conflitos, desde as últimas guerras mundiais até aos conflitos armados mais recentes (Vietname, Coreia, Malvinas, Iraque, Balcãs, Afeganistão, Síria, etc.).

Depois de ter sido colocado como marinheiro mecânico a bordo do aviso-escorteur *"Commandant Bory"* numa campanha no Oceano Índico, em 1969, participei num dos primeiros cursos desta especialidade na companhia de alguns choufs, capitães de quarto com experiência em campanhas longínquas. Companheiros de mar com os quais aprenderíamos a lutar contra as adversidades na Escola de Marines Electriciens et de Securite (E.M.E.S.) da

Marinha Francesa, sediada em Querqueville, perto de Cherbourg.

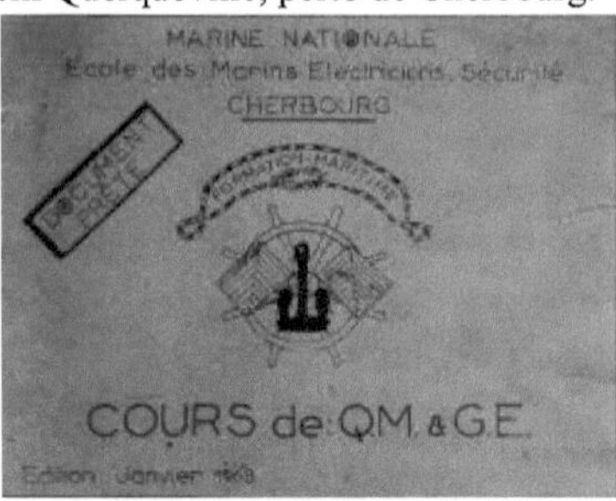

1. Caderno de formação marítima
para Quartermaster E.m.sec.

A nossa companhia foi alojada sumariamente em antigos quartéis, nos quais dispúnhamos de salas de aula e parciais para a nossa formação tecnológica e de combate a danos, durante seis meses, com o objetivo de obter um certificado de aptidão técnica. Retomámos o ritual da formação militar e marítima, com marchas a passo e inspecções de uniforme, num ritmo constante de aulas teóricas alternadas com os exercícios práticos de combate a incêndios e de vias navegáveis exigidos pelo nosso emlbirque spe;ciali^. Perto do nosso alojamento, na orla marítima, estava atracado um velho casco para nos treinar a lutar contra os danos de combate, o fogo, a água, os agressores bacteriológicos, químicos e nucleares. Os ensaios nucleares estavam a decorrer no Pacífico para contribuir para o desenvolvimento da dissuasão nas forças navais, aéreas e terrestres da defesa nacional francesa. Esta experiência viria a ter uma grande influência na minha carreira posterior...

2. O "*Lúcifer*" na maré baixa

O fregate da Marinha Real "*Windrush*", cëdëe às Forças Navais Francesas Livres, tornou-se "*La Decouverte*" (1943) e participou no dëbarquement da Normandia, dësarmëe em 1959, Foi utilizado para o treino de segurança das tripulações da frota sob o nome de "*Lúcifer I, depois Lúcifer II*" após uma série de melhorias nos módulos de treino para combater incêndios, vias navegáveis e agentes agressivos, nucleares, biológicos e químicos (*NBC*). Para os treinos diurnos e os exercícios noturnos, dispúnhamos de instalações equipadas para fazer face a vários tipos de catástrofes, como as das salas das caldeiras e as dos pisos das máquinas, os das fritadeiras nas cozinhas, os da sala do bar muito coni'iiK', no exterior, os acesos nos suportes dos canhões, os cursos de água dëroulaient num porão...

3. Apagar um incêndio num tanque de hidrocarbonetos

Equipados com as nossas parkas e aparelhos de respiração autónomos, entramos em águas muito frias, tentando fechar os canais. Cada um dos grupos pressionou corajosamente pinças ou tampões nos orifícios para limitar a entrada de água gelada, que a pressão, regulada pelos instrutores experientes, empurrava para trás e ejectava, apesar dos nossos esforços, no meio do fumo e dos fartards explosivos. Teimosamente, e com a ajuda da nossa solidariedade, tentámos conter a inundação que invadiu o compartimento, ameaçando a flutuabilidade e a estabilidade do navio.

Foi assim que comecei a compreender os estados de criticidade e de não-equilíbrio instável que iria encontrar na transição entre a natureza linear e não-linear dos processos evolutivos complexos.

No final do curso, subi a bordo do batelão de desembarque *"Orage"*, que prestava apoio logístico às explosões nucleares no Pacífico. Vi estes cogumelos monstruosos erguerem-se sobre o atol de Mururoa e depois assisti às explosões subterrâneas.

4. Explosão nuclear divergente e excessivamente crítica.

Após dois anos de navegação intensa nas ilhas do Pacífico, regressei ao Centro de Instrução Naval de Querqueville para o curso de brevet superieur E.m.sec., um curso de reciclagem para me tornar um oficial de marinha experiente, que se tornaria realidade quando embarquei no navio-tanque de abastecimento de asas *"La Seine"*. Foi uma missão emocionante neste velho casco, que abastecia os porta-aviões e as fragatas do grupo aeronaval empenhados em operações externas no Mediterrâneo, no Próximo e no Médio Oriente, numa altura em que a guerra ainda estava fria e a aquecer perigosamente no Líbano e no Golfo Pérsico.

Sem ^pit de premier-maitre a maitre-principal, eu embarcava sucessivamente nos porta-aviões *"Clemenceau"* e *"Foch"* engagës sans interruption dans ГOcëan Indien et le golfe Persique, toujours en ë^ИШcи, notre mission ë-tait de protëger les routes du pëtrole, tres convokes.

5.   Formação de salvamento em fatos de amianto.

Regressaria à École de Sëcuritë como instrutor na secção Nuclear, Biológica e Química, depois de um curso interarmëes NBC na École des armes spëciales em Grenoble, aproveitaria para passar o meu curso de técnico de proteção contra as radiações. Juntamente com os meus colegas estudantes[1]A minha missão, juntamente com os meus colegas, era desenvolver um curso de defesa NBQ para formar as tripulações dos navios de combate, uma vez que as armas químicas estavam a regressar perigosamente no Médio Oriente, que ainda estava em guerra.

Quando fui colocado como major na Brigada de Segurança do porta-aviões *"Clemenceau"*, passei num concurso *e fui* admitido no corpo de oficiais da Marinha, no ramo especializado em segurança e ambiente. Para poder trabalhar nos porta-aviões e nas bases navais como assistente de segurança, fiz um último curso de reciclagem em prevenção nuclear na Ecole Atomique de Cherbourg e em Cazaux, na Força Aérea Francesa. Após a guerra das Malvinas e os conflitos no Golfo Pérsico, as doutrinas de defesa civil e de segurança tinham mudado e eu queria adquirir experiência de trabalho com as populações locais. Quando fui colocado no Corpo de Bombeiros Marítimos de Marselha, fui confrontado com os riscos quotidianos dos nossos concidadãos, com os acidentes industriais e rodoviários muito mortíferos, com as ameaças terroristas, numa altura em que a guerra no Iraque levantava de novo o espetro das armas químicas, com os riscos de bombas e atentados que se multiplicavam...

Os meus professores de física nuclear, os médicos da marinha e o conceituado major de proteção contra as radiações "JJD" tinham-me transmitido a paixão pelo estudo das ciências nucleares e da biologia aplicada às radiações ionizantes. Foi a época das grandes catástrofes tecnológicas de Bhopal, Chernobyl e Torrey-Canyon, que me sensibilizaram para as questões

---

1 Os meus fiéis assistentes, os marinheiros Jean-Pierre Sylvestre e Sylvain Mahuzier, tornaram-se brilhantes naturalistas, autores e confërenciers, incansáveis guias-exploradores da Antárctida, do Cabo Horn e da Terra do Fogo.

ambientais. Sob a influência de Jacques-Yves Cousteau e de René Dumont, começa a surgir uma ecologia mediática e politizada, e estou também muito atento à aplicação dos tratados de proibição das armas químicas e de limitação das armas nucleares, sujeitas a controlos internacionais para tentar controlar a sua ameaçadora proliferação...

Eu tinha coттencë a ëtudier la Шёопе de Involution a bord d'un porte-avions, apres une rude journée, de postes aviations, de poste de combat et d'exercice de sëcuritë, je reglais les affaires courantes liëes a maitre-adjoint aupres du capitaine de fregate, chef du service sëcuritë. Entre dois turnos noturnos, finalmente isoM no meu quarto-escritório, tinha uma pequena hora para me preparar para o meu exame de oficial da Marinha e ler algumas páginas antes de adormecer. As obras de Konrad Lorentz, Henri Laborit, Ernest Mayr, Georges Gaylor Simpson, Albert Einstein e Richard Feynman, que transportava na minha pequena mala de marinheiro, ajudavam-me a ultrapassar estas longas viagens, numa espécie de fuga intelectual que se iria tornar cada vez mais importante.

6. Formação de oficiais de justiça a bordo de uma goëlette

Em 1983, conheci o Professor Patrick Tort durante um colóquio sobre Darwinismo e sociedade no final do século XIX. Quando ele fundou o Instituto Internacional Charles Darwin em Puycelsi (Tarn), participei na redação do longo prefácio do *"Diário de Bordo"* de Charles Darwin para a secção marítima e de exploração. A minha experiência de marinheiro e a minha investigação sobre a história das explorações marítimas revelaram-se úteis para tentar desvendar os primórdios da sua teoria perdida a bordo do H.M.S. *"Beagle"*, na companhia dos oficiais e marinheiros da missão hidrográfica que levou à sua descoberta.

No final desta colaboração muito frutuosa, elaborámos um projeto inspirado nos métodos de exploração de Charles Darwin e da tripulação do H.M.S. *"Beagle"*. Elaborámos o caderno de encargos inicial de um protótipo de um veleiro de exploração científica no domínio da evolução e da civilização, multimissão e de longa duração, concebido para realizar missões de prospeção ininterruptas simultaneamente no mar e em terra. Submetemo-lo à Academie de Marine e comunicámo-lo ao Ministère de l'Enseignement Superieur, de la Recherche et de l'Innovation, e enviámos esta garrafa ao mar à associação Tara e a várias instituições susceptíveis de implementar este património marítimo e científico (IFREMER, IRD...).

7. Protótipo de um veleiro misto de exploração científica.

Tinha percorrido o mundo e feito algumas viagens que me deram a oportunidade de escrever uma suite naturalista em quatro volumes e três ensaios sobre os processos complexos da evolução biológica e as transformações da civilização, entre os quais este, que era um imperativo sobre as baixas energias biológicas, muito complementar às minhas pesquisas e numerosas questões sobre a respiração cutânea dos lissamfíbios, observada nos Pirinéus e nas Cevennes.

8. Rã vermelha e Euproctus nos Hautes-Pyrénées.

O poder desenvolvido pelos Estados para manter as suas actividades socioeconómicas e garantir a defesa dos seus interesses tornou-se hipertrofiado para assegurar a continuidade dos abastecimentos de recursos energéticos e manter a integridade dos territórios contra qualquer agressão. Como historiador marinho e naturalista, pude medir o desfasamento entre as baixas energias biológicas que actuam num organismo e as utilizadas pelas nossas sociedades produtivistas extremas, em busca de um crescimento sem limites, fonte inevitável de declínio. Tinha descoberto a complexidade destas questões nas minhas viagens e nas minhas explorações naturalistas. Para iniciar a minha investigação fundamental e aplicada, tive de desenvolver um método de análise dos processos complexos que envolvem a evolução biológica e as transformações da civilização.

Inicialmente, estabeleci três princípios orientadores:

1- A transição divergente, entre o linear e o não linear.

2- Adaptabilidade como um operador de revolução estocástica.

3- Irreversibilidade: processos evolutivos complexos.

É um truísmo que as árvores filogénicas que resumem a evolução das espécies desde as suas origens se dividam numa multiplicidade de trajectórias divergentes. Charles Darwin notou a importância deste facto no seu esboço a lápis da sua teoria das espécies (1842), e em A

Origem das Espécies por Seleção Natural (1859) traçou esclrenmis muito explícitos ëvolutivos para a sua compreensão do complexo^, que expressou nesta frase.

"No decurso de mil gerações, diferenças de infinitesimal
infinitesimais devem inevitavelmente contar".

Aquilo a que mais tarde se chamará a sensibilidade às condições iniciais que contribui para a divergência das trajectórias evolutivas durante a adaptabilidade das espécies desde a sua origem, no seu último parágrafo, conclui da seguinte forma:

"Se pensarmos que estas formas [Falando de espécies] tão admiravelmente construídas
tão admiravelmente construídas, tão diferentemente conformadas, e tão
dependentes umas das outras de uma maneira tão complexa [...]
Lei da multiplicação das espécies [...] que tem como consequência a
seleção natural, que determina a divergência das características [...] A extinção das formas
[...
características [...] A extinção das formas [...]
desde um início tão simples, nunca deixou de crescer e crescer
e continua a desenvolver-se".

Em paleontologia, Georges Gaylor Simpson, que contribuiu para a teoria sintética da revolução, incluiu efetivamente as variações de uma espécie, esquematizando os constrangimentos da seleção natural, nas suas representações da revolução dos cavalos, dos tigres-dentes-de-sabre e das amonites. Ao efetuar cortes sucessivos nos pontos de divergência, demonstrou os diferentes modos e ritmos da revolução biológica.

A outro nível de resolução, o físico Richard Feynman concebeu diagramas divergentes para resolver as interacções das partículas atómicas, tanto ondulatórias como corpusculares, um processo que assimilou habilmente à teoria quântica dos campos.

Além disso, a física estatística de Lev Landau e Evgueni Lifchitz deu-me acesso ao domínio do visível e dos sons perceptíveis pelos sentidos. Neste domínio da transição mesoscópica, interessavam-me os corpos metaestáveis, com o aspeto de pseudo-cristais nemáticos e colestéricos, comparáveis respetivamente às membranas biológicas e aos complexos proteicos, constituintes essenciais das células que compõem um animal.

Dois grandes conceitos informatizariam o meu método exploratório dos processos complexos da ëvolução biológica, necessariamente alargado às transformações da civilização.

- A primeira delas teve em conta a teoria das unidades de nível de integração do bioquímico espanhol Faustino Cordon (1909-1999), que atribui um papel primordial às proteínas básicas a um nível diretamente supramolecular do qual emergem a célula (supra-proteica) e o animal (supra-celular). O seu colaborador próximo e já falecido, Chomin Chunchillos, e a sua filha Teresa, tinham avançado com algumas pistas muito interessantes sobre o modo como a célula pulsa e como a atividade celular é coordenada, o que achei intrigante. Ao tratar da consciência, Faustino Cordon tinha sugerido a noção de estratos, que eu evoco no quarto volume da suite naturalista *"Indri indri, voyage aux origines de l'Humanite"* e no ensaio *"La septieme corde",* síntese última de processos evolutivos complexos. Acontece que estes estratos são muito significativos e observáveis durante os processos de divergência, nomeadamente durante a transição entre o linear e o não linear. Encontrei aqui um poderoso campo de exploração que recorria a várias disciplinas científicas e que me obrigava a fazer um esforço sério para as compreender.

- O segundo conceito, e não menos importante, consistia em explorar, através de trajectórias adaptativas, estes estratos adaptativos para chegar ao modelo integrado de G.G. Simpson, e numa base experimental: ousar introduzir o efeito de inversão (Tort, 1983), específico da espécie humana, cujos instintos sociais deviam ser reconduzidos às suas origens animais, sem entrar nos mistérios da sociobiologia.

9.   Folhas de Ginkgo biloba,
divergência venosa natural

O meu ponto de partida para este ensaio foi a publicação de Henri Laborit *"Les comportements"*, na qual ele destacou o papel vital da circulação conjunta de protões e ëкйгo^, perigosamente alcalinizáveis durante um estado de stress ou choque. No interior de uma célula biológica, na membrana interna das mitocôndrias, os complexos de procinas asseguram conjuntamente o transporte de ëк^гo^ e a translocação de protões, contribuindo para a respiração celular.

Antes de abordar estas unidades de nível de integração biológica, descrevemos estas partículas não tão ëlëmentares que participam ativamente na coesão vital relativa dos organismos, e na adaptatividade estocástica das espécies durante a sua evolução contingente.

A abordagem didática aplicada no terreno durante as minhas explorações levou-me, na observação de cada espécie, a ter em conta a relação de adaptabilidade entre as variações fundamentalmente aleatórias - genéticas e epigenéticas, morfológicas, comportamentais e, por extensão, sociais - na sua relação com as flutuações, com o acaso e com os constrangimentos selectivos naturais e antrópicos, altamente correlacionados. A estocasticidade que resulta desta relação de adaptabilidade, fonte de divergências imprevisíveis, viria a ser o objeto da minha investigação sobre os complexos processos de revolução biológica e as mais dramáticas transformações civilizacionais, que vivi intensamente.

Como sugerimos, na urgência das crises civilizacionais e ecológicas, ao estudar constantemente os pontos críticos destas bifurcações, a nível global e local, não deveríamos estar a aproximar-nos dos modos de funcionamento das baixas energias biológicas?

Para isso, é preciso abrir algumas portas com as chaves da física quântica, mergulhando profundamente nas unidades de integração dos organismos vivos, desde o nível das proteínas até ao da célula e do animal. Várias espécies desenvolveram instintos sociais que, no caso dos seres humanos, deram origem a estados de consciência imaginativos que nos obrigam, na urgência das crises, a ir até aos limites da nossa inteligência para salvaguardar o frágil edifício da civilização: preservar a humanidade, salvaguardar as espécies e os seus ambientes.

Capítulo 1

Protões e electrões, as chaves da vida.

A física quântica descreve as leis da radiação e as das partículas que constituem os átomos reunidos em moléculas na matéria inerte e nos organismos vivos que dela se diferenciam: o protão (Ernest Rutherford, 1919), o neutrão (Ernest Rutherford, 1920) e o eletrão, aos quais se junta o conceito de fotão (Lewis, 1926). Através da sua ação, a luz solar desencadeia a síntese de fotões nas plantas, activando a dissociação e a circulação dos electrões e dos protões na célula. Estes dois férmions são a chave da vida.

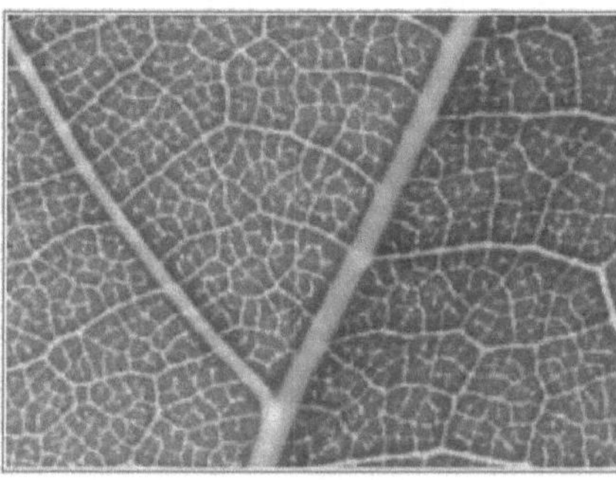

10. Células vegetais penetradas pelos raios solares

Nos animais, este nível de resolução da atividade celular tem lugar no citoplasma, que contém organelos chamados mitocôndrias, dentro dos quais ёкйго^ e protões são translocados através de complexos de тзёрёз protëins na sua membrana interna. Neste organelo ocorre uma transição que pode ser explicada com a ajuda da física quântica de campos e da física estatística, passando do reino do indiscernível para o discernível, para o do observável por um naturalista, no âmbito do método de análise de processos ёvolutivos complexos. Antes de descrever a respiração celular, apresentamos o protão e o eletrão, que estão envolvidos na unidade de primeiro nível de integração biológica, a procina.

11. No Butão, o Takin (**Budorcas** taxicolor) alimenta-se de vёgëtals.

Albert Einstein (1879-1955) ёпопсё as teorias da relatividade restrita[2] e дёпёгак[3]toda a gente conhece a sua fórmula cёкЬге que relaciona a energia com a massa da matéria pelo quadrado da velocidade da luz:

$$E = M C^2 \qquad\qquad [\,1.1\,]$$

Em 1905, ele риЬНё trabalhos sobre o movimento browniano e restringiu гекй^ё ao ёfazer hipóteses sobre quanta de luz.

"O cirurgião e botânico Robert Brown (1773-1858)
participou na exploração da costa australiana a bordo do H.M.S
Investigator comandado por Matthew Flinders, de 1801 a 1803.
Utilizando o microscópio, o botânico descobriu o núcleo da
célula vegetal e descreveu o movimento aleatório dos grãos
de pólen que tem o seu nome. Robert Brown[4] era um
correspondente de Charles Darwin, o jovem naturalista visitou-o para
para experimentar o seu microscópio. É evidente que não queria
revelar as suas descobertas a Charles Darwin, que lhas confidenciou
na sua autobiografia,
A desconfiança de Brown em relação a ele".

Albert Einstein tem re11ё a dualidade da luz, simultaneamente ondulatória à escala nanoscópica, que se manifesta do microscópico ao macroscópico numa forma corpuscular quantificada em estruturas organizadas na matéria inerte ou viva. Elas aparecem mais coerentes e são perceptíveis para nós, através dos nossos sentidos, sistema nervoso e cérebro, mediadores das nossas sensações percebidas e interpretadas pela nossa consciência, de acordo com o nosso conhecimento e experiência.

---

2 A relatividade restrita resume-se a dois postulados segundo os quais as leis da física têm a mesma forma em todos os rёfёrenciais galileanos. A velocidade da luz no vácuo tem o mesmo valor nesses rёfёrenciais.
3 O gёnёrale relativo dёcrit o movimento de uma massa sujeita a gravitação da qual resulta um movimento inercial num espaço-tempo тотЬё por essas massas.
4 Após a sua viagem, Robert Brown publicou uma obra sobre a flora da Tasmânia e da Austrália (1810), que deu origem ao nome do Monte Brown.

12. Fotões solares, onda e corpúsculo

Wolfgang Ernest Pauli (1900-1958) estabeleceu o princípio de exclusão segundo o qual uma partícula não pode ocupar o mesmo estado quântico, descobriu o spin do núcleo e explicou a estrutura hiperfina dos espectros atómicos. Quanto a Werner Heisenberg (1901-1976), o seu princípio da incerteza diz-nos que os fenómenos quânticos são fundamentalmente aleatórios, estatísticos e probabilísticos. Estes dois cientistas contribuíram para a teoria quântica dos campos (1929).

Os bosões de spin inteiro (fotões, gluões, bosões Z, W, Higgs, mesões...) que satisfazem a estatística de Bose-Einstein não satisfazem o princípio de exclusão, podendo ocupar o mesmo estado quântico a baixa temperatura, um estado propício à superfluidez e à supercondutividade.

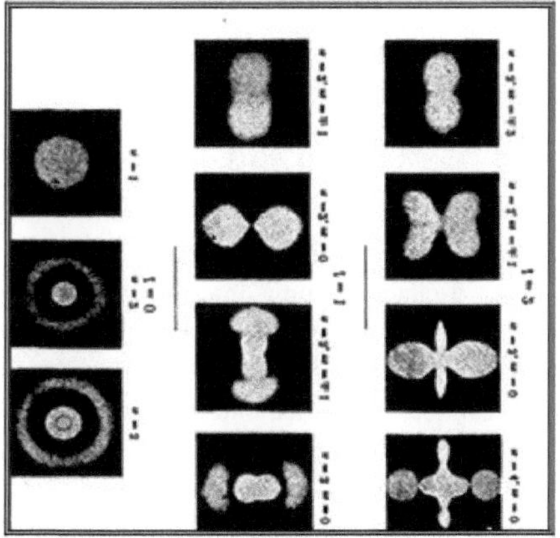

13. Representação de um átomo de hidrogénio
em diferentes níveis de energia (H.E.White, 1931)

A W. E. Pauli deve ser associado a outro Darwin, Charles Galton (1887-1962), neto de Charles Darwin e filho de George Darwin. Este físico pouco conhecido calculou a estrutura fina do átomo de hidrogénio e publicou *"The Wave Theory of Matter"* (1930) e *"New Conceptions of Matter"* (1931). Este antigo militar, que esteve fortemente envolvido nas duas últimas guerras mundiais, também se interessou pelos problemas da população mundial e escreveu *"Le prochain million d'annees"* (1952). Neste livro, aborda a questão da sobrepopulação e da eugenia, sem dúvida influenciado pela obra do seu tio Francis Galton e pela pesada herança de Charles Darwin, cuja teoria da origem das espécies através da seleção natural tinha sofrido os excessos desajeitados do darwinismo social.

Em 1927, C.G. Darwin introduziu o termo corretor da equação de Pauli-Darwin, que estabelece a interação aleatória entre o núcleo atómico e o eletrão. Estamos aqui no cerne do problema das perturbações oscilantes causadas por flutuações nas interacções nucleares.

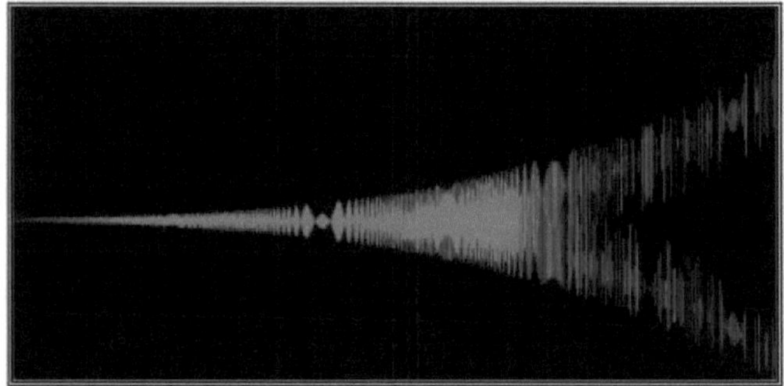

14. Simulação de uma onda divergente "partícula".

O movimento de uma partícula livre (protão, eletrão, ião), tal como descrito por Paul Dirac (1928), é a sobreposição de dois movimentos, que simulamos acima.
- Movimento translacional uniforme.
- Um movimento oscilante.

A que devemos acrescentar, no espaço-tempo da sua resolução, uma eventualidade de divergência, formalizada nos diagramas de Richard Feynman (1918-1988) para representar a interação das partículas.

Os dois primeiros termos da equação de Dirac caracterizam a translação a velocidade constante, e é o terceiro termo oscilante que dá origem ao *"Zitterbewegung"* (Schrodinger, 1930), cuja amplitude de oscilação é[5] é inversamente proporcional à massa, como a temperatura de Hawking para os buracos negros.

Estes estados de energia negativa são observados no efeito Hawking, quando pequenas quantidades de radiação são emitidas por buracos negros.

Pensa-se que a origem deste oscilador é uma interferência entre as soluções de energia positiva e negativa, como as que acabámos de descrever entre o protão e o eletrão. Este movimento oscilatório discreto a uma frequência muito elevada manifesta-se por amplitudes divergentes com tendência caótica, aparentemente regular a uma resolução mais baixa, fenómeno observado nos iões de cálcio (Miyazaki e William N. Ross, 2017).

A função de onda é dëcrite pela não menos cëlebre ëquation lieaire de Erwin Schrodinger com a qual considerëremos que uma partícula atómica placëe num potencial reage como uma

---

5 Dependendo da frequência angular da componente oscilatória, a energia do oscilador harmónico quântico é E = Йю/2, й é a constante reduzida de Planck, и é a pulsação da onda que depende da sua frequência.

onda durante a sua ëvolution no tempo. Se o potencial provém de um campo elétrico ou magnético, ou da luz como acabámos de referir para os pliotosvntliese, esta interação permite "*ver*" as consequências desta perturbação.

$$ih\ \partial\psi\ /\partial t\ (x,\ t) =$$

$$-(h^2\ /2m\ {}^*\partial^2\psi)\ /\ ((\partial^2 2x\ (x,\ t) + V\ (x)\psi(x,t))\ :\ \forall x,\ t \qquad [\ 1.2\ ]$$

Aplicando esta equação não-relativística, obtemos a modificação instancial da onda que depende da massa da partícula e das forças potenciais $V\ (x)$ experimentadas por ela. Para estimar a energia das interacções dispomos de um operador, o Hamiltoniano, que corresponde à energia total do svstëme, para uma partícula de massa m e momento p, constrangida por um potencial $V\ (x)$:

$\hat{H}(x, p) = (p^2/\ 2m) + V\ (x)$, *opérateur Hamiltonien de l'énergie.*

$p = -ih\ {}^*\partial\ /\partial x$, *opérateur d'impulsion.*

x, *opérateur position.* $\qquad\qquad$ [1.3]

$^2H(x, p) = (p\ /2m) + V\ (x)$, *operador de energia hamiltoniano. $p = -ih\ {}^*d\ /dx$, operador de impulso.*

x, *operador de posição.* [1.3]

A liquidação não liiwaire de Schrodinger é menos conhecida, teremos a oportunidade de evocá-la na forma da liquidação de Eugëne Gross e Lev Pitaevskii na nossa abordagem aplicada aos condensados de Bose-Einstein previstos em ënergias biológicas a baixa tempëratura. Mais especificamente, vislumbrar as possíveis ëquências de um campo de protões de saturação, pu^ um limiar, na condutividade, fluidez e permëabilitë de membranas associadas a complexos de protëinas.

$$i\partial t\Psi = \Delta\Psi + \Psi(1 - |\Psi|^2) \qquad\qquad [\ 1.4\ ]$$

Antes de iniciar a reconciliação entre as duas primeiras unidades de níveis de integração do vivo, das proteínas à célula, gostaria de comentar os principais estados entre os componentes nanoscópicos, do átomo não vivo, cujas unidades se diferenciam e emergem em coerência vital, durante a transição mesoscópica, do microscópico ao macroscópico. Para tal, estamos a utilizar a mecânica quântica ligada à física estatística aplicada à bioquímica dos organismos vivos e à biologia evolutiva das espécies, como um processo complexo, tal como proposto na nossa definição de adaptabilidade.

O eletrão, o protão e o fotão estão muito envolvidos ao nível das proteínas de base, contribuem para a dinâmica da atividade da célula, e consequentemente para a coerência vital das unidades de nível de integração, proteínas, células, animais, e para a revolução das espécies cujas variações são confrontadas com os constrangimentos selectivos dos seus ambientes. Estamos habituados a considerar estes níveis como hierárquicos, o que se justifica quando observamos a organização dos organismos vivos, em que cada nível emergente é diferente do anterior, embora permaneça dependente do anterior, numa rede complexa de entrelaçamento. Um mosaico de interacções habitualmente descrito desde o genótipo ao fenótipo que diferencia cada espécie cuja população evolui através da sua "*adaptabilidade*" no espaço e no tempo.

No entanto, ao nível das partículas descritas pela física quântica, as noções de espaço e tempo de Hermann Minkowski (1864-1909) fundem-se numa quarta dimensão que escapa às nossas percepções.

Considerando que a maior parte dos processos biológicos e ecológicos que contribuem para a revolução das espécies se desenrolam nos espaços finitos dos organismos, das espécies e dos seus ecossistemas, num tempo unidirecional...

Estas duas noções paradoxais são fundamentais para o resto da nossa apresentação, na medida em que as partículas, tal como as ondas notórias, estão ligadas entre si pelos fluxos de energia dos seus campos quânticos. Os seus acoplamentos e interferências manifestam-se em função das suas energias e traduzem-se num arranjo quântico de corpúsculos que constituem os átomos que compõem a nossa realidade. Estes níveis de energia podem ser identificados por um espetro de estruturas finas, específicas de cada elemento químico classificado na tabela de Mendeleiv. É graças a estas interacções quantificadas que a combinatória bioquímica contribui para a unidade dos níveis de integração dos organismos vivos temporariamente estruturados pelo estabelecimento de uma coerência vital. A vida dos indivíduos que compõem uma espécie está efetivamente dependente do tempo durante um período limitado específico a cada espécie. Isto obriga-nos a examinar simultaneamente e em complementaridade o nível atómico, se não mesmo o subatómico, que é dinâmico mas não vivo, para assegurar a delicada transição entre as unidades dos níveis biológicos altamente integrados e sucessivamente emergentes, das proteínas à célula, até ao animal.

Em física quântica, os diagramas divergentes de Richard Feynman, em coordenadas espaciais e temporais, mostram explicitamente esta propriedade. Cito frequentemente a criação de um par de protão *(p+)* e anti-protão *(p-)*, produzido quando uma radiação de energia suficiente interage com o campo de um átomo. Na ordenada está o espaço, onde a trajetória mais ou menos inclinada da onda e das partículas é traçada em função das suas velocidades, e na abcissa está o tempo, com as ondas e as partículas a deslocarem-se para a frente e para trás neste espaço, em relação à direção do tempo. Estes diagramas divergentes estão associados a demonstrações imitlieimitas muito rigorosas que pertencem à teoria quântica dos campos, onde o espaço e o tempo são indistinguíveis, e que estão fora do âmbito deste ensaio naturalista.

O nosso problema é o seguinte: para além da hierarquia aparente das unidades de nível de integração (proteína, célula, animal), existe de facto uma unidade subjacente que se exprime no espaço-tempo sob a forma de uma onda discreta fundamentalmente aleatória?

Poderá esta unidade estar envolvida na coordenação da atividade celular pela presumível ação de um campo quântico pulsante de protões altamente excitados, que no limiar actuaria pontualmente sobre o rearranjo dos átomos da célula e dos seus constituintes, num espaço confinado com tendência relativista, com efeitos biológicos que dependem, em última análise, do tempo?

Dito isto, não se trata de operar sistematicamente uma redução apenas ao nível atómico, mas de sentir a transição entre diferentes domínios de compreensão da matéria não viva e da matéria viva que obedecem a conceitos há muito atribuídos, por ignorância, a forças vitais mistificadas, como um poder criador divino. É fácil perceber porque é que a nossa abordagem deve ser encarada com cautela, uma vez que a utilização das palavras e das teorias da física quântica esconde métodos pseudo-científicos e práticas terapêuticas pouco recomendáveis que tendem a opor a medicina suave à medicina dura.

As práticas ancestrais dos magnetizadores e curandeiros utilizam uma manipulação hábil para corrigir deficiências físicas e psicológicas. Os amchis tibetanos e os médicos chineses desenvolveram procedimentos rituais num sistema de pensamento tipicamente oriental e que utiliza energias baixas. A energia vital é chamada *"Chi"* na Ásia e é referida sob o nome sânscrito de *"Prana"* na Índia.

Estes médicos homens são capazes de aliviar os seus pacientes tendo em conta uma série de factores individuais, familiares e sociais relacionados com uma doença, que integram habilmente nas suas consultas. Depois de uma pulsação bastante complexa em vários pontos de contacto, onde aplicam uma pressão judiciosamente modulada em relação direta com os órgãos afectados, fazem um primeiro diagnóstico.

Segue-se um exame cuidadoso do paciente (língua, orelhas, olhos e pele) para localizar os pontos críticos onde a energia se concentra em circuitos superficiais, chamados meridianos, ligados aos órgãos internos afectados pela doença.

Para reequilibrar estas energias, conhecidas como *"Yang e Ying"*, uma espécie de dualidade de energias positivas e negativas, o objetivo é dissipar o excesso ou repor a falta delas através de movimentos localizados, massagens apropriadas ou acupunctura praticada sob diversas formas, agulhas, calor ou fumo. Estas práticas xamânicas mistificadas são frequentemente combinadas com a utilização de plantas medicinais ou de misturas minerais e animais, estimuladas por uma atmosfera espiritual que convida a psique a participar no processo de cura. O paciente é convidado a recitar mantras, orações sagradas repetitivas adaptadas a cada caso, e a praticar os movimentos das mãos dos ritualistas.

Estes mudras gestuais e os cânticos sagrados em tons baixos são executados em posturas meditativas calmantes que, segundo se diz, modificam os estados de consciência ao ponto de promover a cura ou, pelo menos, garantir o bem-estar.

Estas medicinas e rituais tradicionais estão formalizados há séculos e correspondem a cada patologia, tratando tanto o aspeto físico como o psicológico do doente.

São mencionados em escritos sagrados da Índia e do Tibete. Em particular, os que foram retirados dos Upanishads, uma longa narrativa escrita mais de quinhentos anos antes da nossa era. Cito o final do Karika IV, a extinção do tição moribundo:

"Tendo atingido o conhecimento da melhor forma possível, saudamos o obscuro, o profundo
e o integral,
identidade eterna e pura,
que é a morada da Unidade".

Estamos no nascimento de deuses e deusas, numa busca do indiscernível, mistificados pelas crenças das escolas hinduísta e budista, e da Grécia antiga com as suas diferentes concepções atomistas. Os textos sagrados das religiões com dogmas bem estabelecidos utilizavam o milagre atribuído à sua divindade, invocando um Deus mediador, cujos representantes religiosos se opunham firmemente a quaisquer descobertas que ousassem desafiá-los, perturbando a sua autoridade e a ordem social que defendiam, ao sabor dos príncipes e reis que deles abusavam. Tanto assim que as práticas científicas que não se coadunavam com essas verdades mandaram muitos bruxos e cientistas para a fogueira da Inquisição, e ainda hoje justificam actos assassinos.

A ayurveda indiana e a prática do ioga são modos de vida que tentam controlar a energia do corpo de forma preventiva, através de uma alimentação e de um exercício físico orientados para cada tipo de organismo, segundo uma codificação que escapa à medicina ocidental. Durante muito tempo opostas, estas duas medicinas tendem agora a informatizar-se, e as investigações em etnologia e em física quântica aplicada à biologia permitem identificar mais facilmente os enganos dos charlatães e tentar compreender estes poderes *"mágicos"* de cura.

Os asceëtes hindus são capazes de suportar o calor, e os do Ceilão que caminham sobre o fogo recitam mantras para os arrefecer! Os monges tibetanos praticam o *"Tummo"*, expondo-se ao frio, que Alexandra David-Neel descreve como desnudando-os totalmente. Através de alguns gestos e posturas meditativas, que nada têm de misterioso, como vi, conseguem produzir calor físico, que se integra a nível psíquico num impulso espiritual que mobiliza estados de consciência.

15. Mais de 3.000 metros, calor interno.

Estes textos citam:

"A energia subtil acompanhada de um calor agradável
que começa a penetrar em cada átomo do corpo.

No último livro do Caminho da Sabedoria e do Yoga do Vazio, é feita referência à existência e inexistência dos átomos, que não são mais do que um reflexo da nossa própria mente...

Depois deste parêntesis, voltemos ao continente firme da Ciência, e da física quântica, que só é tão subtil quanto as duras ëquações e as rigorosas expëriências dos físicos e biólogos que estão a conduzir uma promissora investigação multidisciplinar em torno dos aceleradores de partículas, a julgar pelas muitas teses que tive de explorar para argumentar as minhas propostas.

Se considerarmos que a interação do protão e do eletrão são as chaves da vida por intermédio de uma energia de ligação nuclear **estruturante e/ou desestruturante**, que se manifestaria na célula a um nível quântico, discreto e aleatório, por definição. Esta energia **F nuclear** livre provoca perturbações nas unidades de nível de integração (proteínas, células, animais), e as suas flutuações estão associadas a efeitos térmicos e hídricos numa dinâmica que provoca a dissipação desta energia no meio biológico. É durante estes processos complexos e altamente integrados que emergem os arranjos específicos de cada unidade - proteínas, células e animais -, periodicamente sujeitos a rearranjos estruturais e funcionais, sob controlo genético e durante complexas interacções epigenéticas, cuja variabilidade morfogenética está efetivamente sob o constrangimento do seu ambiente seletivo.

A priori, de acordo com as hipóteses sugeridas mais adiante na nossa exposição, a atividade celular seria coordenada por uma unidade, ou melhor, um campo de protões cuja ação seria mais rápida do que a das interacções bioquímicas que têm lugar nas unidades dos níveis de integração biológica.

Esta hipótese levanta questões importantes sobre os estados de coerência vital durante a revolução contingente de uma espécie, cuja adaptabilidade estocástica depende das suas variações fundamentalmente aleatórias nas suas relações complexas com as restrições naturais e antrópicas selectivas que surgem ao acaso das circunstâncias, influenciadas pelas nossas actividades socioeconómicas!

Esta proposta exige que descrevamos o protão e o eletrão, e a sua energia de ligação, como um observável das suas interacções. Com a ajuda da teoria quântica dos campos, afastamo-nos da representação habitual da partícula, há muito assimilada a um ponto material. No chamado espaço-tempo, formam-se concentrações de energia às quais os físicos atribuem propriedades ondulatórias que, de acordo com o princípio da incerteza de Werner Heisenberg, podem ser descritas sob a forma de uma partícula. O significado restrito de corpúsculo, que contribuiu para uma redução apenas ao nível atómico, já não se aplica à noção de campo quântico, que engloba um conjunto de produção e desaparecimento, bem como a distribuição quantificada dos níveis de energia em estruturas finas e, incidentalmente, hiperfinas. Estes estratos indiscerníveis são as variáveis aleatórias discretas de ajustamentos químicos discerníveis, de afinidades bioquímicas estruturantes e/ou desestruturantes observáveis e, consequentemente, uma das causas das variações biológicas essencialmente aleatórias que se exprimem ao acaso, sob o efeito de constrangimentos selectivos durante a evolução contingente de uma espécie, por :

Adaptabilidade estocástica.

Cada átomo é caracterizado por um espetro, uma espécie de assinatura que representa a distribuição dos seus níveis de energia em estruturas finas sensíveis à ação de um campo externo. Quando um átomo é perturbado, em função da sua suscetibilidade a um campo magnético ou eletromagnético Bo, aparecem ao experimentador transições entre as estruturas finas e hiperfinas do espetro do átomo em questão.

É este campo quântico que constitui o fio condutor da nossa investigação sobre as baixas energias biológicas, mas primeiro temos de responder a uma questão fundamental: como é que os núcleos atómicos e os seus electrões interagem?

Para simplificar a nossa apresentação, utilizaremos o átomo mais abundante do Universo, com uma abundância natural de 99,98%: o átomo de hidrogénio, constituído por um protão positivo ($H+$) e um eletrão negativo (e).

[-272]O protão, designado ($p+$) pelos físicos, é um férmion com spin 1/2, a sua massa é de 1,67 262 192 369 *10 kg, segundo [1.1], expressa em energia, ou seja, 938, 2 720 813 Mev/c . [29-19] O seu tempo de vida é superior a 2,1*10 anos e a sua carga eléctrica positiva, que não está homogeneamente distribuída, é de 1,6 021 766 208*10 Coulombs para um raio de 0,84 184 fentómetros.

Segundo a cromodinâmica quântica, o protão é constituído por dois quarks up (***u, u***) e um quark down (***d), e a*** sua energia de ligação corresponde à energia cinética dos quarks combinada com a dos gluões em movimento. [35]A pressão no centro do protão é máxima, 10 Pa, exercendo uma pressão repulsiva de 0,6 a 0,8 fentómetros, depois baixa acima de 2 fentómetros, como pressão de confinamento inversa.

Quando os quarks se afastam, esta liberdade aumenta a sua interação, produzindo um par quark-antiquark. Os três quarks do protão (***u, u, d)*** são banhados por este *"mar turbulento"* de quark-antiquarks.

Provenientes da materialização fugaz de um gluão, os quarks estranhos (s) afectam também o momento magnético do protão. A priori, a carga do protão ($p+$) não se altera nesta temperatura de onde surgem os quarks estranhos (**s**), mas distribui-se de forma diferente no seu volume, modificando o seu raio de carga e o seu momento magnético. [+]Embora a sua instabilidade seja extremamente baixa, na sua forma de ião ***H*** excitado à procura de electrões, o protão é muito reativo ao seu próprio campo configurado em vários níveis de energia susceptíveis de modificar o arranjo dos átomos vizinhos de acordo com a sua suscetibilidade, o que por sua vez piëgeria o campo do protão transformando a sua constituição condensada até certo ponto. Assim aprisionado num espaço restrito, manifestar-se-ia a baixa temperatura num estado duplo, de protões e de fotões virtuais, propício a este outro estado condensado, próximo de um pseudoplasma. Poderá este estado ocorrer na célula, no espaço intra-membranar da mitocôndria?

Compreenderá que, como naturalista, esta questão é mais de reflexão do que de afirmação...

O espetro do átomo de hidrogénio pode ser dividido em vários níveis de energia, começando pelo nível fundamental.

- A série Theodore Lyman na gama de comprimentos de onda do ultravioleta[6].
- A série de Johann Jakob Balmer está no domínio visível[7].
- [8]A sërie de Ritz-Friedrich Paschen corresponde ao infravermelho.
- Depois vêm as histórias de fronteira de Frederick Brackett e August Pfund[9]
- Depois, os de Curtis Humphrey e os descobertos por Peter Hansen e John Strong, quando o clectrão se afasta do protão.

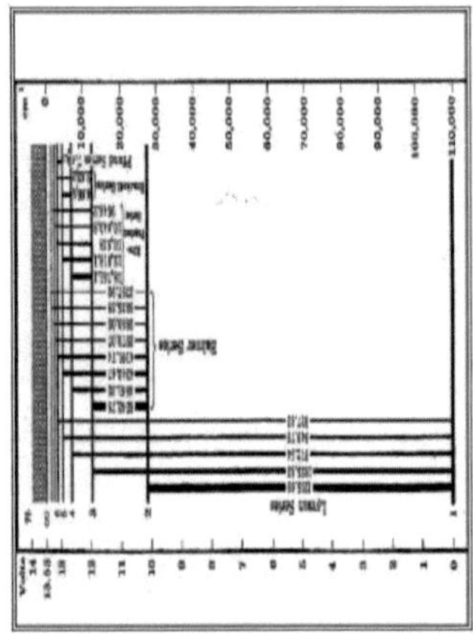

16. Níveis de energia do átomo de hidrogénio
segundo W. Gotrian[10], 1928.

Em 1947, fazendo experiências com espetroscopia de radiofrequência para cancelar os efeitos Doppler sensíveis em 1 átomo de hidrogénio, Willis Eugëne Lamb (1913-2008) e Robert. C. [2]Retherford mostraram que o 2 nível sj/2 tem uma energia 1.000 Mhz maior que o 22 nível

---

6 A série de Lyman é compreendida a partir do seu estado fundamental n=1/0 A/Ovolts, para n=2/ 1215 A/10,2 Volts, para n=3/1025,83 A/12 Volts, para n=4/972,54 A/12,6 Volts, para n=5/949,76 A/12,8 Volts, para n=6/937,82 A/13,6 Volts.

7A série Balmer começa no nível n=2 para n=3/6562,79 A/12 volts, para n=4/4861,33 A/12,6 volts, para n=5/4340,47 A/13 volts, para n=6/3970,07 A/13,6 volts, para n=7/3889,05 A/13,70 volts, para n=8/3835,39 A/13,45 volts, para n=9/3797,90 A/13,49 volts.

8 A série de Ritz-Paschen começa em n=3, para n=4/18,751 A/12,6 volts, para n=5/12,818 A/ 12,8 volts, para n=6/ 10,938 A/13,2 volts, para n=7/ 10,049 A/13,4 volts, para n=8/ 9546,2A /13,45 volts.

9 A série de Brackett-Pfund está em n=4, para n=5/4,05 pA/13 volts, para n=5/2,63 pA/13,2volts. de n=5 para n=6/7,4 pA/13,2volts.

10 Graphische Darstellung der Spektren von atomen und ionen mit ein, zwei und drei valenzelek-tronen, W. Gotrian, Springer, 1928.

p1/2 .

[11]O físico Hans Albrecht Bethe (1906-2005) comentou esta deslocação das linhas espectrais ou desvio de Lamb pela interação do átomo de hidrogénio com o campo de radiação quântica, cuja energia não nula das flutuações virtuais "*divergiria*" perturbando as partículas reais. A avaliação deste "*desvio de Lamb*" era relativista e necessitava de uma resolução utilizando o formalismo da eletrodinâmica quântica para reduzir os erros e aumentar a precisão:
1 057,61 +/- 0,16 Mhz (Appelquist e Brodsky, 1970).

[12]No terceiro capítulo, baseei-me nas experiências da física Michele Glass-Maujean (1974) relativas ao método dos anti-cruzamentos, aos níveis n=3 e n=4 do átomo de hidrogénio excitado formado pela dissociação da molécula **H2**, um componente da "*água parada*" que está muito presente na célula na sua forma dissociada como electrões (e) e protões ($H+$ ou H_3O+ em solução aquosa), que estão envolvidos na respiração celular nas mitocôndrias.

A investigadora não só melhorou a precisão destas frequências, como também localizou os valores do campo de radiação quantizado que seriam divergentes, e determinou as diferentes velocidades de $H+$ excitado, para $H+*$ muito excitado. Outros cientistas descreveram com muita precisão a cisão dos níveis de energia do átomo de hidrogénio em estruturas hiperfinas, no limite, tornadas neste ëtat de ião $H+*$ muito excitado, cujos ëtats num meio соиПиë a baixa tempëratura, nos questionavam. Neste ëtat condensável, seria este campo quântico de protões comparável a um microplasma de fotões e protões virtuais, piëgës num espaço fechado nanoscópico?

O campo ëlectromagnëtico стëë por estes protões $H+*$ muito exc^s produz uma dëcalage dos níveis energéticos dos ëк^го^ dos átomos vizinhos que são mais ou menos blindës, portanto susceptíveis de reagir diferentemente à variação do campo protónico. Quando passa de $H+$ fraco a $H+*$ excessivamente forte, provocaria, consoante o tamanho das suas camadas ëlectrónicas, dëplacements dos seus níveis energéticos, se não, ëjecções de electrões até à ionização, ou a criação de pares ëlectrónicos, bem como a formação de radicais livres...

A constante de estrutura fina *a* é a razão adimensional entre a massa do protão *mp* e a do elétron *me*, [13]a massa do protão depende das leis da cromodinâmica quântica ëvoquedëcëdently e a do lklectron do campo de Robert Brout- Frangois Englert-Peter Higgs (**BEH)** associado ao bosão de Higgs, cujo campo confere massa aos bosões e férmions; devemos também considerar os acoplamentos de Yukawa[14].

A constante da estrutura fina *a* dë também depende da carga ëelétrica não homogênea do próton, uma variável nuckar discreta que determina a repartição intensiva e obrigatória da força ëlectromagnëtica. A massa do protão está, portanto, relacionada com a Гёдшуяк^ da estrutura fina, pelas forças nuckar fortes dos campos de gluões ëchangës entre os quarks: Devemos considerar o efeito das variações das constantes nos níveis de energia ocasionadas pelas frequências dos fotões emitidos ou absorvidos durante interacções mais ou menos

---

11 É de salientar a sua investigação sobre a rejeição de electrões pelos átomos metaestáveis e as interacções quadrupolo nas moléculas, de que falaremos mais adiante.

12 A molécula de hidrogénio $H2$, mede 2,3 10-8 cm, a sua energia de ligação é 4,72 ev, é necessário fornecer energia para se dissociar Щ, enquanto que a associação de dois átomos de hidrogénio é espontânea e liberta energia. $^{-1}$A 27°C a sua energia é de 0,038 ev e a 0°C a sua velocidade quadrática média é de 1,85 ms .

13 A baixa tempëratura o espaço encher-se-ia de partículas de Higgs, os bosões adquirindo assim uma massa efectiva.

14-15O físico japonês Hideki Yukawa mostrou o papel mëdiador de um pião num potencial de Coulomb quando um campo mësónico e um campo fermiónico estão acoplados, e as forças atrativas resultantes, que para o protão são 10 m e uma massa de 140 Mev para o mëson.

próximas com os electrões dos átomos ou entre os protões excitados. O princípio de não-localização *"emaranhamento quântico"* (Shrodinger, 1935) experimentado nos anos 80 pelo físico francês Alain Aspect assume toda a sua importância na nossa demonstração da coordenação da atividade celular por um presumível campo quântico de protões pulsados limiares. A sua celeridade seria cada vez mais rápida, atingindo velocidades relativistas, do que as reacções que determinam os acontecimentos bioquímicos e termo-hidrodinâmicos da célula biológica.

A estrutura fina do hidrogénio provém do momento cinético do eletrão e do protão, que pode ser modificado pela sua carga ligada à constituição interna do mar turbulento de quarks, sendo o seu momento angular ou spin :

$$i = +1/2 \text{ em dois estados.}$$

- Sem um campo magnético, os estados magnéticos encontram-se no mesmo nível de energia, degenerados.
- Constrangidos por um campo magnético $_{Bo}$, pelo efeito Zeeman, os *2+1* estados energéticos aleatórios sofrem um espaçamento proporcional à razão giromagnética e à intensidade do campo magnético externo e assumem duas orientações:

$$m = +1/2$$

$$m = -1/2$$

Os átomos ressoam a frequências diferentes com desvios de vários megaherzts, por exemplo sob a influência de um fluxo de electrões ou de um campo de protões excitados, no caso do ambiente mitocondrial e da célula. As estruturas finas e hiperfinas dos átomos, e do hidrogénio em particular, são devidas ao momento cinético do eletrão, *5* denotando o número magnético de spin do eletrão *(+/- 1/2)*, para *n* o número quântico principal, *l* o número quântico azimutal e *m* o número quântico magnético.

O protão tem a mesma propriedade para os seus dois estados magnéticos *m = +1/2* e *m = -1/2*. O spin nuclear depende do número de protões e neutrões no átomo, o momento angular intrínseco *I* gera um campo magnético, e um momento magnético *ų* ligado ao momento de spin nuclear pela razão giromagnética *y* , intrínseca ao núcleo. $^{-1-1}$Quando o protão no núcleo de um átomo de hidrogénio é sujeito a um campo magnético de 2,3 488 Tesla, a frequência observada é de 100 Mhz e o seu *y* é de 26,7 519 rad T s .

Vejamos a interação do campo magnético do protão com um campo magnético externo *Bo.* Sem um campo magnético externo, os estados do protão têm a mesma energia degenerada. Pelo efeito Zeeman, o campo externo $_{Bo}$ interage nos *(2i+1)* estados aleatórios, *ou* seja *(i = +/- 1/2)* a energia *E = - my h* $_{Bo}$ está afastada de *AE =* $_{hBo}$ que toma duas orientações.

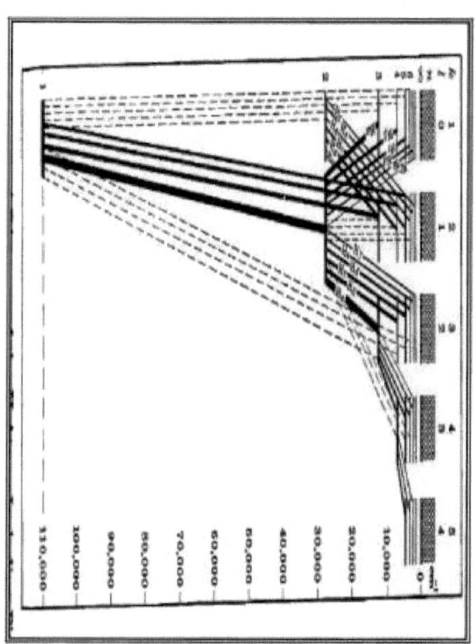

17. Estruturas hiperfinas de átomos de hidrogénio Γ,
cruzamentos e níveis de transição, segundo Gotrian, 1928

Este efeito, identificado por Pieter Zeeman (1896), produz subdivisões dos níveis de energia dos átomos em função do campo magnético Be. Se o número de linhas ultrafinas no espetro obtido for ímpar, o efeito é descrito como normal; se for par, é considerado anormal. Dependendo da sua intensidade, o campo provoca simplesmente um engrossamento ë das linhas do espetro atómico inicial.

Embora a estrutura fina das linhas do hidrogénio seja relativamente homogénea, devido à trajetória elíptica em função de **k**, o número quântico azimutal do eletrão, as estruturas finas são modificadas e podem dar origem a zonas de transição proibidas, agrupamentos de níveis de energia e cruzamentos de linhas extremamente complexos. Isto levou-nos a considerar estas repercussões aleatórias ao nível das estruturas ultrafinas provocadas por um campo magnético que produziria esta discreta divisão de energias.

Em particular, quando o eletrão se afasta do protão, no estado excitado e isolado do ião $_{H^+}$, ou forma um campo num meio ácido que passa de $_{H^{+*}}$ fraco a forte, produzindo as divergências subjacentes pressupostas no campo quantificado. É necessário considerar as consequências da distribuição das diferentes velocidades dos protões ao longo da gama de frequências que resultam destas interacções fortes na saturação. Na dispersão protão-protão de *onda s* a baixas energias, J.P. Naisse[15] sublinha.

"À amplitude electromagnética não se pode acrescentar
- simplesmente - uma amplitude
induzidas por interacções fortes".

Um termo adicional na eletrodinâmica quântica daria origem a discrepâncias, sendo a energia

---

15 Effects of vacuum polarization in S-wave proton-proton scattering, J.P. Naisse, página 873, Bulletin Academie Royale de Belgique, 1972.

eletrostática modificada aleatoriamente pela criação de pares virtuais (e+, e-) e podendo perturbar, se não desestabilizar, o ambiente biológico, desencadeando reacções em cadeia nocivas por intermédio de radicais livres.

Em termodinâmica (Landau, 1994) especificou que o número de partículas depende também das condições de equilíbrio térmico, assimilou a criação de pares (Carl Anderson, 1932) a uma reação química considerando a sua expressão relativista.

- $T \sim mc^2$ Para uma temperatura de o número de pares seria muito elevado, e corresponde à estatística de Fermi-Dirac, que tem em conta os efeitos quânticos indistinguíveis na distribuição dos estados energéticos dos férmions (protões, electrões) em equilíbrio termodinâmico.

- $T > mc^2$ $0,183(T/\hbar c)V$ 'Para uma temperatura, o número de pares corresponderia a e uma energia, $E^+ = E^- = ((7\pi \hat{T}^4/120(\hbar c)^3))V.$

- $^{2:}$Para uma temperatura $T < mc,$ o número de pares seria pequeno, ou seja, *exp (-mc /T)*, mas não negligenciável nas temperaturas biológicas dos homeotérmicos, particularmente heterotérmicos, durante a hibernação a baixa temperatura.

A energia limite necessária para criar um par é :

$$2m_e(1+ m_e c^2/m_R c^2) \qquad\qquad [1.5]$$

Se $_{me}$ é a massa do eletrão e $_{mR}$ é a massa de repouso dos protões, a razão $_{meC2/mRC2}$ é o inverso da constante de estrutura fina *a.*

$T < mc^2$ et $T \sim mc^2$ à $T > mc^2$ 'Surgem novas questões: que impacto tem a produção de pares *(e+, e-)* no equilíbrio eletrónico dos átomos e iões, na rejeição de electrões e protões, na produção de radicais livres e na sua reação em cadeia na mitocôndria e na célula?

O protão, dissociado do clectrão, encontra-se num estado excitado e perde energia na matéria. Esta transferência linear com os átomos abranda o protão, que procura um eletrão. Pode ser associado a uma nova ligação química por um átomo recetor, dando origem a uma molécula protonada no interior de uma proteína complexa, cuja variação de arranjo é suscetível de o trans-localizar. Sob este último termo, há imperativamente dois aspectos a considerar, por um lado, uma onda de tipo Schrodinger, cuja energia de ligação não localizada é representativa do estado do protão excitado submetido ao potencial de um fluxo de electrões que caracteriza a força motriz do protão, e, por outro lado, o aspeto estritamente bioquímico que decorre da sua ligação temporária ao local de acolhimento do seu aceitador, que o trans-localiza efetivamente.

Em comparação, os electrões são transportados nas camadas de valência dos átomos durante os sucessivos processos de oxidação-redução, pelo que o termo mais apropriado de translocação para o protão sugere uma outra forma de deslocamento, porque o ião protão $_{H+}$ é extremamente reativo. Numa célula, o protão hidrato é translocado por complexos proteicos inseridos na membrana interna da mitocôndria.

A noção de campo quântico associada à equação de Schrodinger parece mais adequada para interpretar o seu percurso canalizado por um arranjo de proteínas, cujos átomos são outros tantos obstáculos a transpor. Por efeito de túnel, a probabilidade de um protão atravessar esta barreira potencial é diferente de zero, pois o movimento de um fluxo não localizado de electrões, resultante da oxidação-redução, interage com a mobilidade dos protões.

"O protão é utilizado pelas suas capacidades de ressonância

irradiar um tumor com grande precisão e com uma dose terapêutica mínima bem direccionada".

Voltando à nossa hipótese, seria uma mudança de estado dos átomos e moléculas metaestáveis sujeitos a interacções quadrupolo, provocada por uma perturbação com origem no espaço intermembranar das mitocôndrias, que desencadearia a coordenação da atividade celular por meio de um campo quântico de protões pulsados, na saturação e no limiar. A natureza celeste deste campo de protões $H+*$ e dos seus fotões virtuais é necessariamente superior à das interacções entre moléculas. Esta afirmação justifica a proposta da bioquímica Teresa Gordon de que este campo funcione como unidade coordenadora da atividade celular?

Após estas considerações preliminares sobre o protão, façamos a transição da física quântica para a física estatística. Segundo Lev Landau (1994), as temperaturas negativas que estamos a explorar são uma propriedade dos átomos dieléctricos e paramagnéticos cujos momentos magnéticos se orientam muito livremente e as suas interacções induzem um espetro magnético que corresponde a todas as combinações de orientações de momentos magnéticos. Este novo estado de interação de momentos manifesta-se em temperaturas positivas e negativas entre :

$$T < + 0, + \infty, - \infty, - 0 >$$

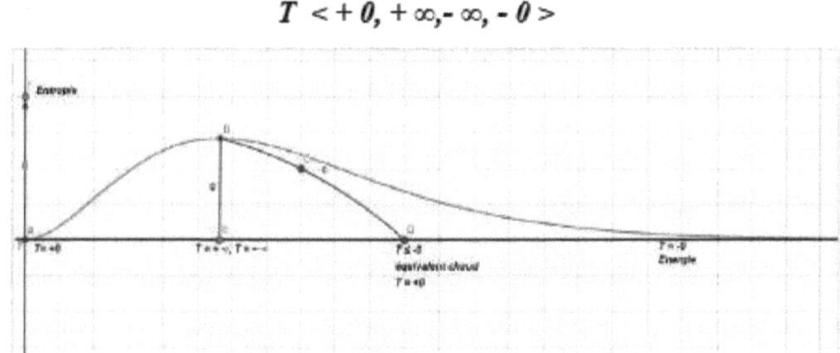

18. Gráfico que representa esta distribuição,
com a forma[16] *(x/ex-1)* no eixo dos x estão
os intervalos de tempo T e a energia crescente E,
e no eixo dos y a entropia S.

(i) Para uma temperatura igual a **+ 0**, os átomos em interação encontram-se *num* estado quântico de *"baixa energia"* com entropia zero.

(ii) **+ 0 à + ∞, (+∞,-∞)** Quando a temperatura aumenta de , em relação ao número de átomos em interação, para a energia média e a entropia estão no seu máximo, e são idênticas.

(iii) **- ∞ à - 0,** A partir do momento em que a energia aumenta, a entropia inicialmente elevada diminui e tende a anular-se para uma temperatura a **- 0,** quando a energia aumenta.

$\Delta\varepsilon$ O gráfico caracteriza-se por uma assimetria a favor do frio (iii), para uma temperatura inferior a zero negativo que apresentaria *"um ligeiro excesso de entropia para uma energia que tende a aumentar"*, em relação a temperaturas superiores a zero, inicialmente com baixa energia termodinâmica (i).

---

16 De acordo com a distribuição de Poisson de um corpo negro.

(+ 0, + ∞), Para uma tempëratura tendendo a - *0* em comparação com as tempëraturas positivas devido a essa assimetria fria, haveria uma maior ëcartada da distribuição dos átomos no frio. Quando a entropia inicialmente ëlevëe, dëcroit e tende a anular-se, o ëtat quântico seria mais forte quando a energia aumenta neste espaço que se fundiria efetivamente com o tempo.

(Δε) Como as temperaturas negativas ësão maiores que as positivas, a uma temperatura de - *0* a alguns graus negativos T_{-o}, essa diferença apresentaria uma pequena energia potencial e uma entropia "*momentaneamente*" não desprezível:

Δε Esta energia e entropia, localizada no ponto *c do* gráfico, seria intrínseca à energia de ligação do átomo, que evocámos anteriormente, a distribuição aleatória da carga do protão intervindo na energia livre de um átomo em relação ao seu spin. *Δε* Isto confirmaria a diferença significativa de entropia e de energia ( ), quando esta última aumenta a temperaturas muito baixas, entre T_{-o} e *-0 °C.*

Assim, para uma temperatura $T = T_{-o} < - 0$, a capacidade calorífica seria de *2,80 N* $_{átomos/T-0}$, para T_{-0} entre - 0,1°C e cerca de - 15°C, no máximo em caso de hibernação extrema, será isto suficiente para obter um estado próximo do de um gás de Bose degenerado?

Esta demonstração permite-nos vislumbrar um espaço fugaz de resolução biológica onde haveria :

"Uma energia baixa
que aumenta em excesso à medida que a entropia diminui".

[-1]Uma situação singular a temperaturas muito baixas, se considerarmos que a 0°C a velocidade quadrática média do hidrogénio é de 1,85 ms .

No caso de um cristal sujeito a um forte campo magnético que se inverte, provocando um atraso no rearranjo dos spins, se o campo magnético for removido, a temperatura torna-se efetivamente negativa, o que, por conveniência, designamos por "*solução fria*" exclusivamente quântica. Após um tempo de relaxamento, a temperatura igualar-se-á na gama termodinâmica de uma "*solução quente*" através da troca de energia entre os spins e a rede paramagnética do cristal, que já não é perturbada por um campo magnético.

O campo magnético da Terra tem um valor médio de cerca de 50 micro-Tesla, ou 1/2 gauss para a Terra, e sofreu inversões de pólos e flutuações de intensidade ao longo das eras geológicas. O campo magnético medido pela sonda Swarm (2014) apresenta valores que variam entre 20.000 e 60.000 nanotesla, aumentando do equador em direção aos pólos. Pensa-se que o campo magnético da Terra é da ordem dos 30 a 70 micro-Tesla para um campo elétrico de 150 v/m.

No tempo e no espaço da revolução das espécies, é necessário reunir vários constrangimentos selectivos naturais: a deriva dos continentes e a formação dos oceanos estão associadas a inversões do campo magnético da Terra. É necessário considerar as consequências para a intensidade da radiação devido à penetração de protões cósmicos, em função dos ciclos solares que provocam perturbações electromagnéticas. Estes acontecimentos cósmicos e telúricos devem ser correlacionados com as flutuações climáticas das quais dependeram e dependem a revolução biológica das espécies, a dos primatas, a espécie humana e as transformações da civilização. É o caso, nomeadamente, dos períodos glaciares e interglaciares, muito duros para os animais e os seres humanos, que são obrigados a hibernar nos períodos frios ou a adotar estratégias de sobrevivência individuais e colectivas.

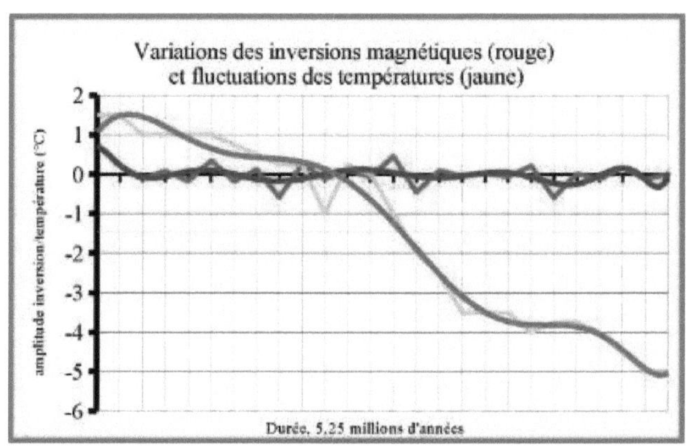

Milhões de anos desde o fim do Terciário até ao Quaternário.	Reversões recentes	Polaridades (+ normal/- inversa) e duração das inversões magnéticas	Temperatura (°C) média global dos sedimentos marinhos	Paleoclimatologia Evolução das espécies vegetais e animais	Evolução dos Primatas e Hominídeos	Transformações na civilização
5,25	Thevra		1,5	Plioceno	Procônsul Dryopithecus Orrorin tugenensis	Divergência entre Paninos e Homininos
5,01	Thevra	0,24	1,5	Arrefecimento global	Ardipithecus ramidus	Utilização de pedras, esponjas, varas e alavancas.
4,89	inverter	-0,12	1	Formação de montanhas e rios		
4,81	Sidufjall	0,08	1	A flora dos climas temperados desenvolve-se		
4,64	inverter	-0,17	1	Coníferas no Norte Prados a sul		
4,47	Nunivak	0,35	1	Presença de mamíferos, desaparecimento dos maiores	Austalopithecus afarensis/africanus barhelghazali	Instrumentos de percussão?
4,29	inverter	-0,18	0,75			
4,17	Cochiti	0,12	0,5			
3,59	inverter	-0,58	0,25			Marcas de ferramentas
3,33	Mamute	0,26	0,25			Seixos encaixados
3,22	inverter	-0,11	-1			
3,12	Mamute	0,1	0,25			
3,05	inverter	-0,07	0		Homo habilis	Utilização de farpas, cutelos e raspadeiras
2,59	Kaena	0,46	-1			
2,14	Inverso	-0,45	-2	Pleistoceno		
2,13	Reunião	0,1	-2,5	Clima frio		
2,08	inverter	-0,05	-3,5	Flora árctica		
2,06	Reunião	0,02	-3,5	Rinoceronte e mamute-lanoso		
2	Inverso	-0,06	-3,5		Homo ergaster Homo erectus	
1,78	Olduvai	0,22	-4			Corte de bifaces
1,19	Inverso	-0,59	-3,75			
1,18	Cobb Mountain	0,01	-3,75			
1,06	inverter	-0,12	-4			
0,9	Jaramillo	0,16	-4,5	Períodos glaciares e interglaciares Gunz Mindel Riss		Vestígios de lareiras, lascas, retoques, lâminas e pontas.
0,78	Inverso	-0,12	-5	Variações do nível do mar		Abbevillien Acheuleen Levallois
0	Brunhes	0	-5	wurm	Expansão do Homo sapiens/ Neanderthalensis para a Ásia e para todo o mundo	Lâminas mousterianas micoquianas, pompons, hélices, agulhas, cinzéis. Grutas ornamentadas

19. Diagrama e quadro de inversão magnética terrestre, desde o final da Era Terciária (Plioceno) até ao Quaternário (Pleistoceno Médio), correlacionado com eventos climáticos e flutuações de temperatura, no que respeita à revolução das espécies vegetais e animais, Primatas, Homininos no início da Civilização, por efeito de inversão.

Como naturalista da evolução biológica e

Para compreender as transformações da civilização, concentrei-me na alternância de condições climáticas frias e quentes durante as eras glaciais. Em particular, nas fases de hibernação natural em altitude ou de expërimentais artificiais que optimizam as observações do ambiente celular a baixa tempëratura. A este nível de resolução, o meu objetivo era modëlizar os efeitos de um campo quântico de protões excitados e as modalidades da sua

31

translocação em complexos proteicos inseridos na membrana interna da mitocôndria.

Estas relações entre temperaturas e magnetismo obrigam-nos a introduzir considerações termodinâmicas ligadas ao spin nuclear, enquanto parâmetro fundamentalmente aleatório. Descrevemos a decomposição das estruturas finas em estruturas hiperfinas, cujos intervalos de energia são pequenos, mas não negligenciáveis, em função da temperatura. $^{(\approx\,\Delta\varepsilon)}$ Estas estruturas hiperfinas são mais susceptíveis de aparecer a temperaturas entre 0,1°C e 1,5°C, próximas do estado de hibernação de baixa energia biológica das espécies animais. A divisão em níveis hiperfinos dependeria de um termo nuclear aleatório que inclui o spin *(i)* na energia livre **nuclear (F)** resultante do seu produto com o número de átomos *(N)* em correlação com a temperatura *(T)*, ou seja, de acordo com Landau :

F nuclear = - NT ln (2i+1) para um spin nuclear maior que zero, *i = +1/2* do protão   [1.6].

$^{(\zeta\,.\,\Delta\varepsilon}$ Em relação ao spin, a entropia **nucleaire)** e a constante química **(Z nucleaire)** são bem modifiëes pelo termo nuclear **Em (2i+1)**, indëpendentemente da tempëratura, em particular quando **F nucleaire** corresponde a uma variação de energia igual a $_{T\text{-}o}$, logo :

Se $_{T\text{-}o}$ *< - 0 °C*,

$$F\ nuclear = - N\ (\Delta\varepsilon = T_{-0} < - 0\ °C)\ ln\ (2i+1) \qquad [\,1.7\,]$$

O domínio desta "**solução fria**" seria mais quântico do que termodinâmico, nestas condições, postulamos o seguinte:

S nucleaire = N ln (2i+1), a entropia que depende do número de átomos tende a aumentar, e a diminuir para [1,7]

Z nucleaire = ln (2i+1), o potencial químico seria sensível à suscetibilidade diamagnética, paramagnética e ferromagnética aleatória dos spins, independentemente da temperatura e do número de átomos.

Posteriormente, nos modelos, consideramos que a flutuação média dos átomos no ambiente mitocondrial e celular varia em relação ao seu estado inicial não perturbado por um campo. Para o modelo, generalizamos duas formas simplificadas de cristais pseudo-líquidos caracterizados por mudanças de fluidez e condutividade em função dos arranjos e rearranjos dos átomos e moléculas, cuja metaestabilidade está ligada à sua suscetibilidade a um campo eletromagnético perturbador, ou seja, :

- $1/\sqrt{N}$ para as membranas interna e externa, que podem ser comparadas a um pseudocristal líquido nemático disposto em camadas.

- $1/\sqrt{N}$ ·*ln*) para complexos proteicos com um aspeto colestérico incluídos na membrana interna.

(i) A sua suscetibilidade ditimagnética constante negativa muito baixav daria uma magnetização espontânea inversamente proporcional ao campo.

(ii) A sua suscetibilidade paramagnética, uma constante positiva baixa, seria proporcional ao campo.

(iii) O ferromagnetismo apresenta um ciclo de histerese, saturação e remanência magnética.

Os iões metálicos presentes no meio celular, enquanto osciladores, reagem sob a influência das variações de campo e reorganizam-se em função da sua suscetibilidade magnética, nomeadamente :

(iv) ⁻Os álcalis $_{Na+}$, K+ e Cl transportam electrões, que são particularmente condensáveis.

(v) $^{2+2+}$Os alcalino-terrosos, Mg e especialmente **Ca** , são discutidos a seguir.

(vi) $^{2+2+2+2++2+}$Metais bio-activadores altamente catalíticos com propriedades paramagnéticas: Fe , Co , Ni , Cu ou Cu , Zn diamagnéticos, osciladores reversíveis no ambiente celular.

(vii)Em particular, o ião **H**, que possui uma grande mobilidade iónica graças à sua própria massa, à sua energia cinética e ao seu potencial magnético, com as suas propriedades de quelicidade e de translocação, que condicionam eficazmente a produção de energia vital nos complexos proteicos.

Esta energia é utilizada pela célula onde o átomo de hidrogénio tem uma função de ligação fraca, ligando as bases da dupla hélice do ADN, que diverge durante a sua duplicação. As duas cadeias são separadas utilizando a energia da degradação do ATP, durante a replicação, que precede a transcrição em ARN, antes da tradução em proteínas específicas.

No espaço intra-membranar mitocondrial, os iões de hidrogénio, acelerados pelo fluxo de electrões dos complexos proteicos, que são $_{H+}$ excitados para $_{H+*}$ altamente excitados, adquirem uma secção transversal efectiva elevada.

A interferência de **ondas s** associadas ao campo de protões $_{H+*}$ altamente excitados, em forte interação em saturação com átomos, moléculas e proteínas da mitocôndria e da célula, aumentaria o seu comprimento de **espalhamento a,** um critério importante para avaliar os modos de propagação da onda de pulso limiar e os seus derivados divergentes.

$1/\sqrt{N}$ $1/\sqrt{N}$ ^{2}Os átomos da mitocôndria e do ambiente celular são osciladores emparelhados, cujas flutuações médias nas membranas modeladas em e nos complexos proteicos em **ln( )** são susceptíveis de modificar a sua configuração sob o efeito deste campo de protões $_{H+}$ excitados, para $_{H+*}$ muito excitados. $^{(\Delta\,pH)}$'Este campo passaria espontaneamente de fraco a forte no espaço intra-membranar mitocondrial, em função da variação da sua acidez perturbativa à saturação, da qual depende a frequência do campo de impulsos resultante das suas próprias interacções quânticas, e proporcional, no limiar, às susceptibilidades magnéticas diferenciais dos átomos que constituem a membrana e os complexos proteicos.

Na nossa abordagem prospetiva, optámos por duas abordagens soluções :

- $T_{0}\leq - 0\;^{o}C$.Uma "**Solução Fria**", se a frequência da onda for maior que a tempëratura, ou seja, uma ëenergia livre **nuclear F,** equivalente a uma energia **As** maior que . Neste caso, a distribuição seria puramente quântica, discreta e fundamentalmente aleatória, com uma probabilidade de divergência das ondas resultantes que ocorreria a velocidades muito elevadas entre as partículas de $_{H+}$ altamente excitadas na saturação. $1/\sqrt{N}$ $1/\sqrt{N}$ ^{2}No limiar, o campo de espinores unitários resultante das interacções entre o $_{H+*}$ altamente excitado e os átomos perturbados da membrana interna (e **ln( )** , seria suscetível de gerar vários estados quânticos de energia, dependendo da orientação dos espinores, com estados prováveis, que se supõe estarem próximos da condensação de Bose-Einstein. Os rearranjos bioquímicos ocorreriam, assumindo uma entropia residual não negligenciável e uma energia relativamente elevada, num estado quântico discreto que é mais notável a baixas temperaturas.

- Se, pelo contrário, a frequência de uma **"solução quente"** se torna inferior à temperatura, já não há distribuição quântica a considerar e chegamos ao domínio termo-hidrodinâmico das flutuações-dissipações discerníveis que ocorreriam após a indiscernível solução fria, em função da capacidade calorífica do organismo em questão, seja ele homeotérmico ou heterotérmico, mais sensível às baixas temperaturas.

Estas considerações hipotéticas levaram-nos a procurar casos de espécies animais que sobrevivem a baixas temperaturas, em altitude, e que praticam a hibernação, como os anfíbios (Anuros e Urodeles) e os répteis, para estudar e demonstrar, durante a transição de um campo fraco para um campo forte, efeitos quânticos discretos e as suas possíveis consequências, nomeadamente na coordenação da atividade celular.

- *No caso do campo fraco,* a suscetibilidade magnética dos átomos distingue-se por um termo paramagnético que depende do momento magnético dos electrões nos átomos e um termo diamagnético que corresponde ao movimento orbital dos electrões. Neste caso, a suscetibilidade é considerada essencialmente paramagnética.

- *Quando o campo se torna mais forte*, a onda resultante do campo pulsado de protões, no limiar, produziria *uma "oscilação"* de alta frequência que, inicialmente, não dependeria da temperatura.

Esta oscilação, que seria estritamente quântica, cresceria exponencialmente devido aos seus emaranhados e tornar-se-ia normalmente negligenciável após a sua absorção termo-hidrodinâmica por flutuações-dissipações no meio pseudo-cristalino biológico mantido num estado médio metaestável, a uma temperatura óptima, para a célula e a coerência vital do animal.

Assim, inicialmente independente da temperatura e depois à medida que esta aumenta, sendo a entropia, por definição, uma grandeza extensiva, o número de microestados aumenta, tal como as suas capacidades de arranjo e de rearranjo em função do seu potencial bioquímico *(Z).* Este processo combinatório ocorre a diferentes níveis de integração emergente, nomeadamente durante a divisão celular e o desenvolvimento de um organismo, a metamorfose ou a regeneração de órgãos. Esta ramificação estruturante e/ou desestruturante permanece geralmente sob controlo genético e epigenético, em correlação com as unidades de nível de integração (proteínas, células, animal) sujeitas aos constrangimentos selectivos do ambiente. No entanto, temos de contar com as interferências resultantes das interacções diferenciais do campo quântico de protões e fotões em saturação, pulso no limiar, com os átomos dos complexos proteicos e a sua membrana de suporte, gerando, durante o seu rearranjo, aquilo a que chamo :

"Derivadas de ondas divergentes de soluções frias
De facto, são reactivos nos domínios quânticos através de divergências incidentais indiscerníveis, que, além disso, em função do seu comprimento de difusão, se espalhariam no espaço/tempo, inicialmente independentes da temperatura, de forma correlacionada com as soluções quentes termo-hidrodinâmicas discerníveis que as seguem, mascarando os efeitos quânticos...

Continuemos a nossa hipótese exploratória num meio considerado firme, como o espaço intermembranar da mitocôndria durante a longa fase metabólica da célula seguida de um breve período de atividade. $(\mathcal{M}).(\partial\ H{+}^{*})$ Consideremos a ação do campo *(H+)* de N_{p^+} protões excitados $H{+}^{*}$ com um momento magnético médio , durante a passagem de um ácido fraco *(pH)* a um ácido forte *(pH*)*, ou seja, uma variação do campo de protões excitados que depende :

- As coordenadas dos protões, ou seja, o seu quadrimomento, isto é, três coordenadas no espaço conjugadas com uma no tempo, supondo que a sua dimensão quântica tem uma resolução discreta e aleatória correspondente à distribuição não homogénea das cargas do protão, já referida.

- Desde os seus impulsos até ao limiar de saturação, ou seja, **a,** o seu comprimento
A difusão aumenta com a acidez, de baixa para alta.

$\Delta\varepsilon\ \overline{T_{-0}} \leq -0\ ^{\circ}C,$ - Dos seus spins, seja *ln (2i+1)*, um termo nuclear aleatório que condiciona a energia livre e a sua relação com a tempëratura. Em particular a sua energia livre nuclear, F *nucleaire* para um supërieur que , siëge das soluções frias das interacções quânticas discretas, no entanto estruturantes ou desestruturantes.

$(\mathcal{M}),$ Sob a influência repulsiva recíproca e crescente dos protões altamente excitados $H*$ em função da reatividade diferencial dos átomos do meio mais ou menos polarizado das membranas internas e dos componentes do seu complexo proteico *(Ho)*, a sua variação de energia no limiar de saturação *(dH+*)* pelo momento magnético médio dos protões expresso pelo seu Hamiltoniano é :

$$\partial\hat{H}s = -\mathcal{M}\ \partial H+* \qquad\qquad [\ 1.8\ ]$$

De acordo com a variação *dHs* do Hamiltoniano do campo de impulsos tem limiar $H+*$ de protões $_{Np+}$, o Hamiltoniano dos átomos das membranas mitocondriais e do meio celular passa a ser :

$$\hat{H}_{milieu\ cellule} =$$

$$\hat{H}_0 - \partial\hat{H}s + ((1/\sqrt{N})\ (e^2/8mc^2) + (ln(1/\sqrt{N})^2(e^2/8mc^2))\ (Hr)^2 \quad [\ 1.9\ ]$$

$1/\sqrt{N}\ \ 1/\sqrt{N}\ ^2(\hat{H}_0 - \partial\hat{H}s)$ A perturbação dos electrões dos átomos na forma de pseudocristal líquido nemático *( )* e colestérico *(ln( )* é causada pela predominância dos dois primeiros termos do campo sobre o terceiro e quarto termos. $\Delta\varepsilon \sim \partial\hat{H}s,$ De acordo com os níveis de energia resultantes, os spins dos átomos orientam-se em função do campo pulsado que atingiu o seu limiar de saturação, o que afecta a respectiva suscetibilidade através de uma transição das suas estruturas finas para estruturas ultrafinas. A nova configuração atómica das moléculas perturbaria a conformação bioquímica das membranas e dos complexos proteicos, afectando a sua condutividade, fluidez e permeabilidade, o que desencadearia a atividade de troca unitária da célula com o meio extracelular. Será esta coordenação das células individuais

suficiente para induzir a coerência vital do animal? $\Delta\varepsilon$ Quando o nível de energia das estruturas hiperfinas dos protões e dos átomos em interação forte é superior à temperatura, a suscetibilidade dos átomos e das moléculas seria de natureza estritamente quântica, e é este o

domínio que estamos a explorar a baixas temperaturas. $\Delta\varepsilon\ ^{-\infty,}$ De facto, quando descemos para temperaturas entre - 0,5°C e -0°C temos uma energia superior à temperatura fria $_{T-0}$ que tende, de -0 a , para uma temperatura limite equivalente à temperatura quente $_{T-ec}$. Um potencial de excesso de entropia pequeno, não negligenciável, e uma energia suficientemente elevada, efetivamente independente da temperatura, existiriam de facto num espaço de resolução exclusivamente quântico que ainda temos de aprofundar para demonstrar os prováveis efeitos subjacentes. Se os átomos forem diamagnéticos, os efeitos são mascarados pelo paramagnetismo, uma vez que a suscetibilidade não depende da temperatura: o termo de oscilação não é insignificante e as suas consequências estruturantes e/ou destrutivas estão ainda por considerar no caso da supercondutividade induzida e da divergência da onda derivada. Poderá tratar-se de um efeito aleatório que demonstrei aquando da transição do linear para o não linear em processos evolutivos complexos, que ocorre para valores muito baixos do coeficiente de adaptabilidade (cerca de dois) e durante intermitências com estruturas muito singulares e grande variabilidade.

Por outro lado, se os átomos forem paramagnéticos, a sua suscetibilidade é inversa à temperatura, de acordo com a lei de Curie. O paramagnetismo dos iões e dos radicais livres seguiria a lei de Langevin Curie, que tem aplicações no domínio das temperaturas muito baixas.

Quando um campo magnético é aplicado a uma substância paramagnética, como um metal bioactivador, há uma distribuição uniforme de momentos magnéticos, inicialmente distribuídos em todas as direcções, à medida que se alinham com o campo, a energia é removida em proporção à força do campo magnético. No entanto, como resultado de colisões térmicas e vibrações, *a temperatura, que tinha sido reduzida*, aumentará devido ao efeito magneto-calórico, esbatendo a solução fria, que é difícil de discernir.

Em suma, há vários regimes a considerar, o das oscilações do campo dos protões e dos fotões na saturação, o da pulsação no limiar, com as suas muito problemáticas *"soluções frias, estritamente quânticas"* relativas aos emaranhados quânticos que provocam ondas derivadas divergentes cujos efeitos normais e anormais, senão naturalmente patológicos, devem ser analisados e compreendidos. Em particular, remontando às condições iniciais de *"divergência"* das reacções em cadeia envolvidas no funcionamento da célula, incluindo as *"soluções quentes termo-hidrodinâmicas"* das flutuações-dissipações que se seguem às interacções bioquímicas observadas na abordagem modelar que se segue.

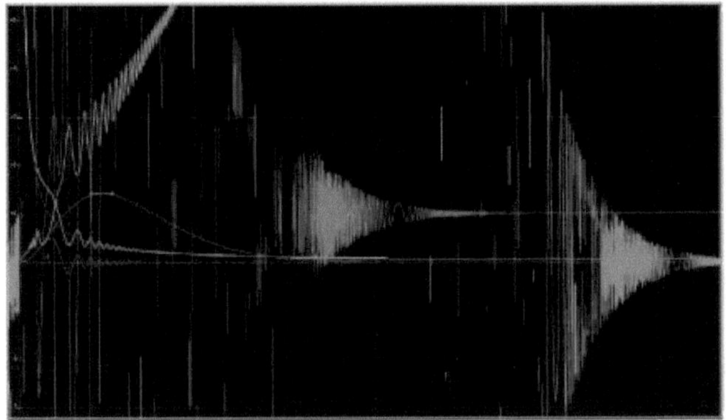

20. Abordagem do modelo, simulação de um campo ри^ё de protões em
saturação e limiar em 1 espaço intermembranar mitocondrial.

- A curva vermelha clara com a seta verde indica a transição de um pH baixo para um pH elevado de um campo intermembranar de protões muito fortes, cuja onda de potência na saturação de protões e fotões está representada a azul.
- Esta onda atinge um limiar de interação mútua com os átomos da membrana (vermelho escuro), e as variações no campo de spin resultante (azul claro) provocam o seu rearranjo bioquímico.
- Identificamos um poço de potencial (verde fino, à esquerda) que poderia indicar um superfluido^ e supercondutivo^ consëcutivo para soluções ëphëmëres frias, poderia ser um pseudo condensado de Bose-Eintein?
- O emaranhamento quântico e a interferência são simulados por uma transformëe da perturbação, seus primeiro e segundo dërivëes (máximo local) revelam a divergência das

ondas dërivëes (em
verde, à direita).

- A seguir à solução fria indistinguível, a solução quente cresce exponencialmente através de
flutuações e dissipações no domínio termo-hidrodinâmico limitado pela atividade da célula no
seu ambiente biológico (homostase) e do animal no seu ambiente, durante a sua evolução
adaptativa.

A variação acidental da densidade de probabilidade do campo de protões e de fotões em
relação aos valores dos impulsos saturados, que atingiram um limiar compatível com a
coerência vital, poderia desempenhar um papel na deslocação da transição crítica da
linearidade para uma maior não linearidade em valores mais elevados, o que validaria a
estocasticidade da adaptabilidade, cujo termo de variação é considerado fundamentalmente
aleatório.

Como acontece frequentemente quando se tenta encontrar uma solução para um problema
complexo, utilizo um caminho hipotético paralelo. Neste caso, utilizo a equação não linear de
Schrodinger de Eugene Gross e Lev Pitaevskii, que caracteriza o estado e a dinâmica de um
gás perfeito de bosões ultra-rápidos independentemente do tempo. Esta equação parece
aplicável ao campo de impulsos de saturação de protões e fotões excitados a muito excitados
no meio intermembranar, que se encontra fechado durante muito tempo durante a fase
metabólica da célula. Aberto espontaneamente na mitocôndria durante a atividade celular,
como uma função de onda de bosões[17] resultante da interação dos protões $H+^*$ entre si e com os

átomos "*armadilha*" excitados no meio mitocondrial e celular. $\Delta\varepsilon$ Proporcionalmente à
variação do *pH*, que passaria de um campo fraco a um campo excessivamente forte,
provocando uma breve oscilação de alta frequência que poderia ser limiarizada a baixa
tempëratura entre *-0* e T_{-o} quando a tempëratura tende para - T_{ec} ëquivalente quente, a uma
ëergia próxima do estritamente quântico, inicialmente sem qualquer prëpondërant efeito
termodinâmico. Isto levou-nos a considerar efeitos quânticos subjacentes, ateatórios e
fugazes, que dësignë trivialmente como uma provável "*Solução Fria*" discreta, mascarada
pelas flutuações-dissipações da onda de interação protão/fotão e átomo no domínio termo-
hidrodinâmico no meio mitocondrial e celular, durante as "*Soluções Quentes*". Sem entrar em
pormenores, parece interessante adaptar esta equação ao nosso modelo de teste.

$$\mu\,\Phi(r)=$$
$$(-\hbar^2/2m\,{}^*\nabla^2)+V_{ext}(r)+\Delta N g\,|\Phi(r)|^2)\,\Phi(r) \qquad [\,1.10\,]$$

- ΔN . bosões no campo dos protões exc^sed *(H+*)* *em* relação à variação do *pH* de baixo
para alto no espaço intermembranar.

- Φ a sua função de onda.

. *m* massa da partícula (protão).

. *g* constante dëpendente do comprimento de dispersão *a* do potencial de interação entre
bosões com energia zero.

. Potencial de confinamento dos átomos no espaço intra-mitocondrial.

- $\mu\ \zeta_{nuc}=$ *ln (2i+1)* potencial químico, ou tal que S_{nuc} = *N ln (2i+1)* indëpendente da

---

17 Se os bosões forem considerados no mesmo estado de Bose-Einstein a muito baixa temperatura, o
Hamiltoniano satisfaz a seguinte condição de normalização:
$\int |\Psi|\,2\,dV = 1$.

tempёratura, tem uma entropia ёlevёe decrescente para uma energia ё que tende a aumentar a baixa tempёratura.

As questões que se colocam, são saber, como ёvolve as divergências de soluções frias no tempo longo
do espaço de resolução quântica?

Descrevemos o protão que, juntamente com o neutrão e os electrões, são férmions de spin 1/2, de acordo com o princípio de exclusão de Pauli, não podem estar no mesmo estado quântico ё.

Enquanto que os bosões, como os fotões, resultantes das suas interacções sob a forma de um campo quântico, tenderiam a agrupar-se num único estado quântico, incluindo num conjunto composto de bosões e férmions.

Esta condição parece estar reunida no espaço inter-membranar das mitocôndrias, onde os protões, altamente excitados devido à força repulsiva resultante das suas cargas não homogéneas, ao aglomerarem-se, emitem fotões. A onda composta de protões e de fotões saturados e pulsados que daí resulta seria retida pelos átomos das membranas interna e externa que, no limiar, em função das suas susceptibilidades magnéticas, desencadeariam a fase curta de atividade e as ondas resultantes destas interacções complexas, mais ou menos divergentes, que levantam questões sobre as suas resoluções a longo prazo.

Esta armadilha electromagnética seria sensível ao aumento do número de protões sobreexcitados a alta celeração, nomeadamente através da produção de uma presumível expressão quântica *"fria"* por oposição à *"quente"*, que ocorreria no espaço de resolução quando a temperatura tende de **-0 para -m**, quando a energia **As** é superior à temperatura entre **-0°C** e *T-o*, quando *T-o* tende para *-Tec*, em relação ao equivalente quente.

Nestas condições iniciais, os efeitos quânticos *"frios"*, efémeros e indistinguíveis, precederiam as flutuações-dissipações da onda no meio mitocondrial e celular que conduzem normalmente ao domínio termo-hidrodinâmico *"quente"* e discernível, que se estabiliza a cerca de 37°C no organismo de um animal homeotérmico em relação a um organismo de sangue frio, hёtёrotermico, próximo da tempёratura exterior. Particularmente durante a hibernação a temperaturёratura muito baixa, que poderia se aproximar de uma temperaturёratura crítica (*Tc*) propícia a um estado de condensação próximo ao de Bose-Einstein, o que ainda está por ser demonstrado.

Cada protão, de acordo com o princípio de exclusão de Pauli, sobrepor-se-ia em diferentes estados quânticos nesta fase de confinamento intermembranar. Nestas condições, poderia adotar um regime de degenerescência ao atingir uma temperatura crítica (*Tc*) do meio que é inferior à temperatura de Fermi[18] temperatura de Fermi (*TF*)?

Quando a temperatura do meio é inferior à temperatura de condensação de Bose-Einstein, os fotões produzidos pelas interacções fracas a muito fortes dos protões confinados em interferência quântica com os átomos da armadilha intermembranar tendem a condensar-se no estado fundamental da armadilha composta. Aqui, numa breve, discreta e indistinguível degenerescência quântica *"fria"*. Assim, aplicando as fórmulas que se seguem, podem prever-se duas soluções a baixa temperatura, para *N* protões ***excitados***, consideramos *N* fotões ***excitados*** com as seguintes energias.

-    Energia dos fotões :

$$k_B Tc = \hbar\omega \ (\ 0{,}83 \ N \ excités\ )^{\frac{1}{3}} \hspace{4cm} [\ 1.11\ ]$$

---

18 A temperatura de Fermi é a temperatura à qual um gás de férmions se torna quântico.

- A energia dos protões :

$$k_BT_F = h\omega \ (6 \ N \ excités \ )^{\frac{1}{3}} \qquad\qquad [\ 1.12\ ]$$

Seja κ_B a constante de Boltzmann, em função da frequência de oscilação **w** dos fotões ou dos protões, e da tempëratura crítica T_c ou da tempëratura de Fermi T_F, respetivamente. Vejamos como ëvolve esse suposto тайёге condensëe communement dësignëe "*melaço*" a dëfaut de nomeá-lo condensado de Bose-Einstein, o que seria prematuro. No impulso máximo, os protões estariam num estado *excitado N*, que se torna menor do que os N fotões *excitados pelas* interações entre os protões e os átomos do meio piëge, o campo de interações quânticas dos fotões atingiria a saturação, de acordo com :

$$Saturação \ de \ N = 1,202 \ (k_BT \ / \ h\omega)^3 \qquad\qquad [\ 1.13\ ]$$

Consequentemente, se a temperatura diminuir para uma temperatura crítica T_c, entre *-0°C* e T_{-0} próxima de - T_{ec}, que tenderia para - ∂a / $+\partial a$, o conjunto encontrar-se-ia num estado próximo da condensação de Bose-Einstein. Pelo menos, numa certa proporção, num mínimo condensado, para uma temperatura inferior a :

$$-0°C \ pour \ un \ + \Delta\varepsilon, \ à \ un \ T_{-0} \ proche \ de \ T \ critique \ _{des \ photons} > T_{F \ des}$$
protons.

Este estado manifesta-se como um pico muito acentuado de fotões condensados cujo comprimento de onda corresponde ao estado fundamental de um poço de potencial, rodeado como um chapéu mexicano pelos fotões excitados não condensados e protões no comprimento de onda mais largo. Nesta investigação prospetiva, passaríamos de um estado desordenado de fotões excitados para uma formação de onda mais homogénea quando a temperatura diminuísse abaixo da temperatura crítica de Bose Einstein, em correspondência com a onda de Broglie. A degenerescência ocorreria quando a onda de Broglie se aproxima da distância entre protões a temperaturas muito baixas, num estado qualificado como bio-plasma.

Para o *H+* , considera-se o protão:
- de baixa massa, variando a onda de Broglie em função de *m-72*.
- gasoso a todas as temperaturas.
- fácil de polarizar num campo magnético.

As interacções inicialmente fracas tornam-se fortes, até muito fortes, com a consëquência de gënërer um limiar diferencial na saturação de protões e fotões de interacções fortes em relação aos átomos da armadilha intermembranar. A consequência disso seria a aquisição espontânea e indiscernível de uma provável superfluidez e supercondutividade das membranas, agindo sobre o rearranjo dos complexos proteicos que se encontrariam fora do equilíbrio instável, ligados a uma hipotética pseudo-condensação do campo de prótons e fótons na saturação. Uma solução fria cujo tempo de relaxamento com a solução quente equilibraria a temperatura do organismo, o suficiente para assegurar a sobrevivência de um animal em estado de hibernação extrema, por exemplo na rã do Ártico **Lithobates** *sylvaticus*, que sobrevive congelada a -16°C aumentando a sua uremia e glicemia durante a crio-proteção. O apêndice em anexo é dedicado ao tubarão da Gronelândia, que vive a temperaturas muito baixas a grandes profundidades.

21. Um anfíbio observado a hibernar num riacho do Monte Lozere, a 1400 metros de altitude.

Este estado de sobrevivência está ainda por explorar, a deteção da condensação é difícil, o condensado efémero é um estado muito instável, no entanto, convém lembrar que os álcalis acima referidos, muito presentes no meio celular (sódio, potássio) são condensáveis.[19] A curtas distâncias, o seu potencial de interação é muito atrativo, dando origem a numerosos estados moleculares ligados. É a amplitude e o comprimento da difusão *a* que caracterizam os efeitos das interacções a longa distância entre protões e átomos sobre as propriedades físicas do condensado, ou seja, no primeiro zero da onda sinusoidal da onda, quando esta se anula.

- Quando *a* é maior do que zëro, a energia é cinética $(Eo \wedge Emax \wedge Eo)$, a onda atingiria um pico máximo estreito, muito pontual, entre dois limites prováveis de condensação, situados entre os pontos de inflexão do modële. $_o$Na nossa configuração, a energia livre **nuclear F** seria baixa, da ordem de $E \wedge As = Emax$, mas afetada por uma entropia suficientemente elevada durante um tempo muito curto que, no entanto, seria significativa, se não predominante, a uma temperatura muito baixa, inferior a - *0.*

- Quando *a* se torna inferior a zero, a onda colapsa no seu poço de potencial, na piëge ressonante de protões e fotões que são momentaneamente muito repulsivos, depois atractivos, devido às interacções com os átomos perturbados da armadilha, que se reorganizam espontaneamente, de modo que a armadilha não permanece suficientemente atractiva para manter o pseudo-condensado. A energia $Eo \wedge As \wedge Eo$ aumentaria em direção a um regime termodinâmico clássico de flutuações-dissipações, reduzindo a entropia até uma temperatura limite baixa de sobrevivência biológica entre $-T$ *limte de survie* e *-0,* correspondente à integração de *As.*

No caso presente, de acordo com a simulação do modële de aproximação, a resolução do campo pulsado, saturado no limiar, de protões e fotões aprisionados que interagem com átomos, apresenta um pico singular, no máximo do poço de potencial, pelo que o contexto relativo *"após"* uma forte repulsão seria momentânea e suficientemente atrativo para produzir uma pseudo-condensação de muito curta duração. Depois de ter apresentado esta proposta hipotética sobre a génese de um estado condensado biológico ou bio-plasma, termino este capítulo com alguns comentários sobre as oscilações e o caos quântico experimentados no hidrogénio. Martin Charles Gutzwiller (1925-2014) descreveu o caos na mecânica clássica e

---

19 Comparativamente, a temperatura de fusão é de -250,16°C para o hidrogénio, de 44,15°C a 590°C para o fósforo e de 113,7°C para o iodo, um constituinte biológico essencial juntamente com os álcalis, o potássio: 63,5°C, o cálcio: 842°C e o sódio: 97,8°C.

quântica (1990).

Dans un espace fermë, tel l'espace intermenbranaire, l'onde y envahit la cavite, ce qui provoque des interferences complexes lors du passage d'un regime regulier semi-classique à un probable regime chaotique lie d'une part, à dinâmica do impulso do campo de protões até ao limiar de uma associação protão-fotão como acabámos de descrever, e aos electrões dos átomos (não localizados) com órbitas periódicas instáveis (fluxo de electrões redox, ejeção de electrões, criação de pares e formação de radicais livres). Se os níveis de energia observados se intersectassem num regime regular com um decaimento exponencial do sinal, as repulsões aleatórias do H^{+*} seriam acentuadas no sentido de um regime não linear divergente, pelo espaçamento incidente dos níveis de energia, probabilidade normalizada a partir de uma curva de Poisson no diagrama acima. Em resultado destas interacções, a deriva divergente da onda de impulsos alterada por interferências aleatórias do meio celular poderia desencadear um caos pseudo-quântico natural, *normal ou forçado incidentalmente*, com o risco de ser mais destrutivo do que estruturante através de reacções em cadeia deletérias, ao nível da célula e do animal, no Homo sapiens em particular.

Neste capítulo revelador, lançámos as bases da transição da mecânica quântica para a física estatística para demonstrar a ação unitária de um campo de protões pulsados no espaço intermembranar de uma mitocôndria, como :

Hipótese 1: Uma unidade coordenadora da atividade celular, com base numa proposta da bioquímica Teresa Cordon.

Hipótese 2: A temperatura interna é regulada por um equilíbrio de soluções quânticas *"indistintamente frias"* com tendência pseudo-condensada e, posteriormente, *"indistintamente quentes"* por flutuação-dissipação no domínio termo-hidro-dinâmico.

Hipótese 3: Por outro lado, as divergências do campo quântico inicial e das suas dërivëes teriam uma probabilidade de transição aleatória para a não linearidade, cujas consequências permanecem por explorar no longo tempo do seu espaço de resolução biológico.

Para apoiar as nossas propostas, é necessário descrever em pormenor as mitocôndrias antes de proceder à modelização dos ensaios, a fim de validar o papel fundamental do campo de protões do impulso limiar como unidade coordenadora da atividade celular.

Em seguida, é necessário avaliar estas hipóteses sobre a manutenção da homeostase das unidades de nível de integração e estimar as suas consequências sobre a adaptabilidade durante a revolução das espécies. Serão estas condições críticas, fora dos equilíbrios altamente instáveis das divergências caóticas, susceptíveis de causar perturbações ao romperem as coerências vitais condicionadas pelo transporte de electrões em conjugação com a translocação de protões nos complexos proteicos mitocondriais?

Capítulo 2

Mitocôndrias e proteínas de base.

Espécies de sangue frio e aquelas que hibernam são confrontadas com uma queda na sua tempëratura corporal, a fim de funcionar com baixa energia biológica, nestas condições drásticas, a composição das membranas celulares e mitocôndrias são modificadas ajustando a sua fluidez, permëabilitë e condutividade. Os complexos de protëinas incluídos nestas membranas que contribuem para a respiração celular são também afectados durante estados de stress térmico e hídrico em função de perturbações no meio celular e extracelular quando o organismo reage a flutuações climáticas no ambiente.

No capítulo anterior, salientámos que os átomos obedeciam ao princípio de exclusão de Pauli, quantificando os seus níveis de energia, enquanto que, a baixas temperaturas, se encontravam num único estado quântico, sob a forma de um provável condensado de Bose-Einstein. Uma espécie de bio-plasma efémero, propício à superfluidez e à supercondutividade a uma temperatura crítica de alguns microkelvins. Trata-se de uma condição bem conhecida dos condensados gasosos sujeitos a um campo magnético suscetível de ocorrer a baixa temperatura, como no caso de um campo quântico de protões altamente excitados, em saturação, pulsado no limiar.

A liquidação não linear de Schrodinger de Gross-Pitaevskii [1.4] parece-me ser apropriada para estimar estas interacções, sendo a supernuidade ë dependente da frequência das oscilações que resultam das interferências aleatórias das ondas.

Quando um campo magnético modifica as interacções do condensado por ressonância de De Feschbach, estando os átomos altamente correlacionados, as colisões de baixa energia dependem então do comprimento de dispersão a. Este parâmetro permite determinar a gama de interacções entre os átomos. Acontece que, quando as partículas (protões, átomos) se acoplam, em função deste comprimento de dispersão, as ondas resultantes interferem e divergem, dentro de que limites?

Quando a é superior a 0, vimos que a situação é repulsiva na saturação, e quando se torna inferior a 0 é atractiva, anulando-se após o limiar de desencadeamento e coordenação da atividade celular.

Estas considerações hipotéticas sobre as baixas energias biológicas obrigam-nos a detalhar uma organela celular primordial que mencionámos anteriormente, a mitocôndria, cujas funções vamos especificar. A principal é a respiração celular, durante a qual se observa o movimento de electrões e protões em complexos proteicos situados na sua membrana interna. Nas plantas, este processo ocorre sob o efeito direto da luz durante a síntese de fotões na célula vegetal, e indiretamente através de um fornecimento de nutrientes para a célula animal, que é assim dotada de energia potencial durante o anabolismo e o catabolismo que contribuem para o seu metabolismo, por uma espécie de internalização da ação dos fotões, como energia livre *(F nuclear)* dos processos bioquímicos...

A mitocôndria (do grego *mitos* e *chondros)* é um organelo celular que se pensa ter tido origem numa bactéria endossimbiótica através da inclusão de uma a-proteo-bactéria numa célula eucariótica há cerca de dois mil milhões de anos. O da ordem Rickettsiales (Anderson et A., 1998), bastante próximo dos antepassados das mitocôndrias, adquiriu um genoma específico que foi reduzido durante a sua evolução e que é complementar ao do núcleo da célula. O genoma mitocondrial codifica proteínas reunidas em complexos altamente complementares destinados à membrana interna e participa na sua própria transcrição e na tradução dos

ARNm.

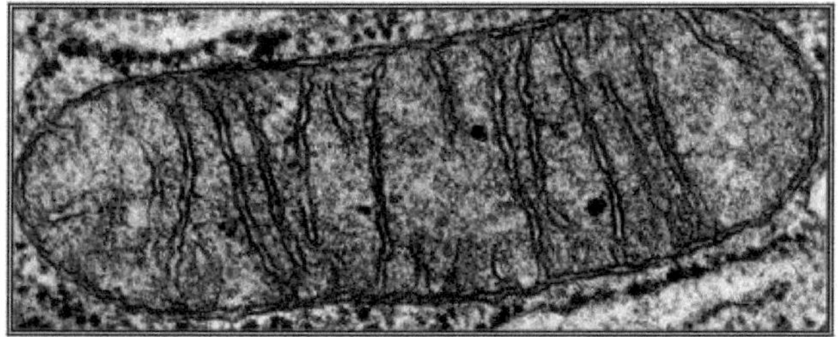

22. Mitocôndrias.

A mitocôndria, que se parece com um filamento e um grânulo, é móvel no citoplasma da célula. Esta organela, com alguns micrómetros de tamanho, está envolvida na cadeia respiratória e na oxidação fosforilante que produz ATP (Adenosina trifosfato[20]). Este processo de baixa energia biológica dá origem a um fluxo vital de electrões (*e′*) e de protões excitados (*н+)* que cedem os seus ëпе^e livres, mantendo a célula em equilíbrio energético, reactiva em caso de stress, capaz de se adaptar durante um choque patológico ou uma agressão extrema. O stress tem uma tendência oxidante que produz radicais livres que provocam a morte celular, nomeadamente durante a apoptose.

Dependendo do tipo de célula, a estrutura e o número de mitocôndrias e a sua organização numa rede variam de acordo com os ëtats ënergëtiques e as fases do ciclo celular.

O metabolismo ënergëtico da célula pode ser descrito como uma cadeia complexa de reações, acopladas e sincronizadas, se não coordenadas com a atividade da célula, para fornecer ao organismo energia a partir de suas necessidades de nutrientes, тдёгёз, assimilados, dëgradës e excrëtës. A energia provém de proteínas, lípidos e hidratos de carbono durante o catabolismo, e é utilizada para svntlK'tise de substratos que contribuem para o anabolismo estrutural e funcional das células e do organismo de cada animal através de várias vias metabólicas.

[21]Estas vias são a via de Embden-Meyerhof, que se inicia no citosol do citoplasma extra-mitocondrial e prossegue através do ciclo de Krebs no interior da matriz mitocondrial, mantendo uma relação ADP/ATP que, em função das necessidades imediatas do organismo, pode ser desviada diretamente para a via das pentoses. As mitocôndrias que se banham no citosol da célula são microrganismos com menos de um a dez micrómetros de comprimento e de meio micrómetro a um micrómetro de largura. Uma mitocôndria é constituída por duas membranas sobrepostas, com permissividade e condutibilidade específicas, que confinam dois espaços e regulam as trocas com o ambiente celular.

---

20 Nas águas frias, a rã Lithobathus sylvaticus procura águas ricas em fósforo, com uma densidade superior a 0,4 mg/l.
21 Ciclo do ácido tricarboxílico

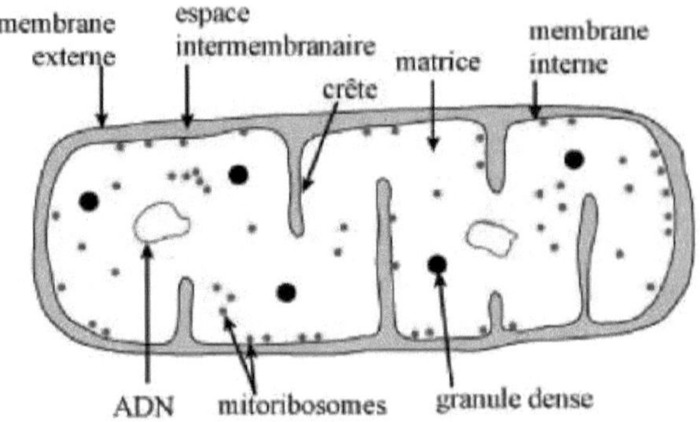

23. Diagrama de uma mitocôndria.

- No centro da mitocôndria, a matriz, encontra-se o local do processo do ciclo do ácido cítrico, conhecido como ciclo de Krebs, que é um local de oito reacções de oxidação-redução realizadas por enzimas. [22]A partir da glicose e do piruvato, a acetil-coenzima A é completamente oxidada, produzindo NADH e FADH2.[23] O seu ambiente fracamente ácido é criado por protões que entram e saem seletivamente da matriz através de quatro dos cinco complexos proteicos da membrana interna, que os projectam para o espaço intermembranar mais ácido. A partir do espaço matricial e da membrana interna da mitocôndria, são produzidos ratsës na cadeia de transferência de electrões, produzindo ROS (Reactive Oxygen Species) que desempenham um papel na apoptose (morte celular). A estes ROS juntam-se as fugas de electrões e de protões, que se pensa estarem implicadas em várias patologias.

- A membrana interna que envolve a matriz é formada por uma série de dobras em forma de creta que transportam complexos proteicos, no interior dos quais se formou um conjunto de subunidades proteicas complementares que asseguram o transporte seletivo de iões e electrões, bem como a translocação de protões. A noção de translocação será aprofundada no próximo capítulo, pois este processo não pode ser considerado estritamente bioquímico, mas inicialmente quântico, segundo o nosso modelo. A membrana interna, altamente selectiva, é constituída por 80% de proteínas e 20% de lípidos, e o espaço intermembranar tem uma espessura de seis a oito nanómetros.

O movimento de electrões e protões é vital para a manutenção da cadeia respiratória mitocondrial, que depende de variações na permeabilidade e condutividade da membrana interna que suporta os cinco complexos proteicos. Para cada um deles, detalharemos o movimento dos electrões segundo o esquema de oxidação-redução, que produz um fluxo de electrões com cinética biológica aparentemente lenta, e analisaremos o processo mais discreto de translocação quântica e bioquímica dos protões $H+$, transferidos da matriz para o espaço intermembranar.

Como é que estes protões $H+$ altamente excitados se acumulam, dando início ao campo

---

22 O dinucleótido de nicotinamida adenina existe na forma reduzida NADH, este par redox é oscilante, a energia destas oxidações produzidas na membrana interna dá origem a um gradiente eletroquímico que induz um gradiente de protões.

23 O dinucleótido de flavina adenina forma um par redox com o FADH2. O FAD está envolvido na formação de ATP, bombeando seis protões para o espaço intermembranar.

quântico pulsado no limiar com o seu elevado conteúdo energético, e como é que coordenam a atividade da célula?

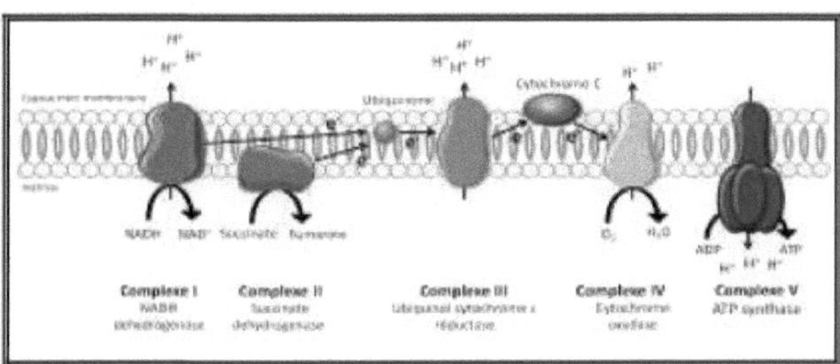

24. Membrana interna e complexos proteicos, fluxo de electrões e translocação de protões.

. *O complexo I*, NADH-ubiquinona oxidoredutase, tem uma estrutura de quarenta e quatro subunidades, inicia o transporte de electrões e transloca quatro protões para subunidades posicionadas na membrana interna. A sua forma em L é prolongada para a matriz por um braço hidrofílico de oito subunidades de oxidação-redução e nove osciladores de ferro-enxofre[24] osciladores ligados ao mononucleótido de flavina.

$$NADH + Q_{10} + 5H^+{}_{matriciels} \rightarrow NAD^+ + Q_{10}H_2 + 4H^+{}_{intermembranaires}$$

$Fe^{3+} \rightarrow Fe^{2+} \rightarrow Fe^{3+}$, Após esta desidrogenase do *NADH*, o equilíbrio redox utiliza como oscilador reversível o átomo de ferro da proteïna do citocromo, para finalmente dar *NAD' e H2 O.*

Dëcrivons prëcisëment le processus du complexe *I* qui transfëre deux ëкйгo^, c'est la reduction de l'ubiquinone en ubiquinol par un gain dklectrons regu du NADH qui modifie les changements conformationnels du bras membranaire ou se dëroule la translocation des protons. Um processo, inicialmente quântico na aplicação da equação de Schrodinger, posteriormente bioquímico e termo-hidrodinâmico, transferindo quatro protões para o espaço inter-membranar. Esta acumulação de *H+* induz um reforço do *pH* no espaço intermembranar da mitocôndria, que mudaria de baixo para alto durante a longa fase metabólica que precede a curta fase ativa da célula, de acordo com a nossa investigação livpotliese dëveloppëe no capítulo I, nomeadamente :

"O campo quântico pulsado no limiar reiniciaria espontaneamente a conformidade dos complexos proteína-membrana internos e externos, e coordenaria a atividade celular no seu triplo aspeto - quântico, aleatório e discreto - que seria mais rápido do que as reacções bioquímicas aos efeitos térmicos e hídricos. A dinâmica destas flutuações-dissipações mascararia o processo quântico, que se propagaria no tempo, através da sua ação, devido à interferência das ondas divergentes resultantes, sobre a dinâmica dos complexos proteicos e, de um modo mais geral, sobre a atividade celular e do organismo".

Neste caso, a cëlëritë de protões translocalizados nas subunidades do complexo proteico I (no Homo sapiens, ND5, ND4, ND2) ligadas entre si por uma hélice anfifática HL, produziria uma transferência de energia, segundo estas duas hipóteses complementares.

---

24 O papel e o excesso de ferro são discutidos em "L'Euprocte des Pyrenees" associado a este ensaio. O ferro e o enxofre são citados por J.D. Bernal, J.B.S Haldane, N.W. Pirie e J.W.S. Pringle em '*A Discussion of the Origin of Life*' (1955).

1- Hipótese quântica.

Se considerarmos a energia libertada durante a oxidação-redução como a energia potencial do fluxo de electrões que assegura a ligação não localizada com os protões excitados *(H+)* localizados na matriz. Estes protões excitados estão à procura de electrões. Assim, sob a influência deste potencial negativo, denominado força motriz dos protões, um protão com carga eléctrica positiva não homogénea dirige-se para uma subunidade proteica com carga negativa disponível, numa espécie de túnel de protões electronegativos. Esta diferença de potencial *(A y)* tenderia a acelerar o protão *(H+)*, o suficiente para atravessar a barreira de potencial da subunidade proteica, por efeito de túnel, para ser finalmente ejectado para o espaço intermembranar num estado de sobre-excitação do corpúsculo *(H+*)* e da onda, segundo a equação de Schrodinger, dois aspectos que devem ser considerados para a nossa demonstração.

2- Hipótese bioquímica.

Quando as quinonas são reduzidas, a energia libertada provoca uma alteração conformacional nas subunidades que, tal como um motor biológico, modificam a sua inclinação reorientando os resíduos activos, o que as torna capazes de trans-localizar quatro protões nos locais de transporte.

As subunidades de translocação e a hélice composta estão simultaneamente sujeitas ao campo de electrões e à energia libertada pelo protão numa ligação bioquímica fraca que não ligaria realmente o protão, se considerado no seu estado de onda quântica, aos locais de translocação assim formados.

Simplificando, este conjunto funcionaria como uma engrenagem na qual o protão, corpúsculo e onda, seria introduzido, acionado por uma catraca que, pela sua disposição momentânea, "*abriria*" o túnel protónico, que atravessaria facilmente e muito rapidamente a barreira de potencial devido à sua transparência. Atingiria o espaço intermembranar onde os protões excitados *(H)* se acumulariam, e a acidez resultante, que variaria de fraca a forte *(A pH)*, criaria um campo pulsante de protões e de fotões altamente excitados. Estes protões e fotões altamente excitados *(H+*)* interagiriam entre si e com os átomos do ambiente mitocondrial, através de uma gama de frequências de ressonância, até um limiar de rearranjo. Este processo desencadearia a atividade e coordenaria as trocas celulares indispensáveis ao fornecimento imediato de nutrientes para assegurar o restabelecimento do potencial de oxidação-redução após o rearranjo instantâneo das membranas e dos complexos proteicos.

Este campo quântico e os problemas de ondas divergentes dele resultantes funcionariam assim como unidade coordenadora da atividade celular, neste último caso em aplicação da equação não linear de Schrodinger.

. *O complexo II*, Succinato-ubiquinona-oxidoredutase, contém quatro subunidades proteicas no ciclo de Krebs e catalisa a oxidação do succinato em fumarato. Os electrões são transferidos do succinato para a ubiquinona sem bombeamento de protões, uma vez que a energia é provavelmente insuficiente para o tunelamento de protões devido à configuração inadequada das subunidades. O estudo comparativo e evolutivo deste complexo em relação aos outros parece-me ser uma forma interessante de avaliar como se formaram as modalidades de translocação de protões durante a revolução da célula animal, com exceção deste complexo.

. $^{3+2+}$*O complexo III,* Ubiquinol-citocromo c oxidoredutase (BclComplex) está posicionado na membrana interna, recebe os electrões da ubiquinona, esta oxidação provoca a translocação de quatro protões e os electrões do ubiquinol transpostos pelo citocromo c através do oscilador (Fe/Fe) são dirigidos para o complexo IV.

A inibição da oxidação do ubiquinol neutraliza o gradiente de protões e a síntese de ATP, provocando a consequente produção de[25] radicais superóxido. Podemos considerar que se trata de um local crítico para a coerência vital, gerando reacções em cadeia com consequências patológicas.

. O complexo IV, a citocromo c oxidoredutase, situado no final da cadeia redox, utiliza os electrões do citocromo c (sítio bimetálico) para reduzir o oxigénio a moléculas de água, translocalizando quatro protões.

$$4\ CytC\ Fe^{2+} + O_2 + 8\ H^+ \rightarrow 4\ CytC\ Fe^{3+} + 2\ H_2O + 4\ H^+$$

(ΔΨ) (Δ pH) Estes quatro complexos asseguram o potencial da membrana interna e o gradiente diferencial de protões, cujo campo se localiza desde a matriz até ao espaço intermembranar. Os protões são utilizados pela ATP sintase, que catalisa a formação de ATP por fosforilação do ADP no complexo V, um verdadeiro motor biológico de baixa energia.

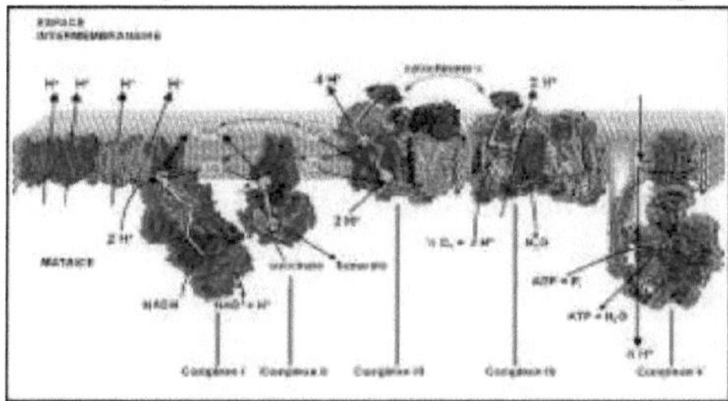

25. Dëtails das subunidades de complexos proteicos

. (Δ pH) **O complexo** ATP sintase é a sede da oxidação fosforilante, as suas cerca de vinte subunidades captam a energia do gradiente protónico intermembranar. Esta força motriz protónica e a atualização da relação ADP/ATP condicionam a sua direção de translocação de protões, dirigidos para o interior da matriz ou expulsos para o espaço intermembranar em coordenação e sincronização com os outros complexos. **(α, β, γ, δ, ε, a, b, c)** As suas oito subunidades específicas fazem dela um verdadeiro motor biológico de baixa energia. A ATPase **de tipo F** é constituída por duas partes.

. Fo, posicionada na membrana, transloca os protões H+ utilizando as suas subunidades transmembranares "c", Y e s, que têm carga negativa. Inicialmente, produz-se um processo quântico pela ação da força protónica que impulsiona o fluxo de electrões que actua sobre a translocação dos protões em Fo, em direção a Fi, cujo *"spinning"* produz a fosforilação de uma molécula de ADP em ATP nas três subunidades catalíticas B.

. Fi está em contacto com a matriz, a sua cabeça de proteína globular ativa é composta por três sítios catalíticos:

. Uma peça fixa semelhante ao estator de um motor

. Uma parte móvel dësignëe rotor

. o espaço inter-membranar

---

25 Os investigadores exploram várias vias de produção de radicais livres e a sua formação acidental poderia ocorrer ao nível da piruvato desidrogenase, antes de os electrões entrarem no sistema de transporte dos complexos proteicos.

- A membrana externa da mitocôndria, dë limite ao espaço inter-membranar e ës trocas extra-mitocondriais em contacto com o citoplasma da célula. Esta membrana é uma membrana seletiva composta por uma bicamada lipídica cujas porinas são canais iónicos para a passagem de metabolitos (ácidos gordos, nucleótidos) e iões por difusão, ou para o transporte ativo por uma translocase. É de notar que esta membrana permanece impermeável aos iões $H+$, que se acumulam no espaço intermembranar, criando o campo de protões do impulso limiar $H+*$. Este campo passaria de uma força fraca a uma força forte durante a fase metabólica, e exprimir-se-ia na saturação por um comprimento de onda eficaz sobre a reorganização diferencial dos átomos e das moléculas, desencadeando e coordenando a atividade vital das trocas celulares, mas induzindo também a electroporação da membrana externa sensível a diferentes frequências.

Além disso, do ponto de vista relativista aleatório, é necessário considerar a hipótese multicausal de que um excesso de protões e dos seus fotões virtuais poderia modificar o comprimento de onda efetivo do sinal do impulso de limiar, a tal ponto que a interferência das ondas resultantes poderia atingir um estado de divergência crítica suscetível de perturbar insidiosamente o funcionamento enzimático e celular, por exemplo perturbando os osciladores ferromagnéticos ou os iões alcalinos.

A presença simultânea destas ondas divergentes do campo protónico $H+*$ e de radicais livres, eletricamente neutros mas com suscetibilidade paramagnética, levanta igualmente questões: poderá esta configuração estar na origem de reacções em cadeia prejudiciais?

A compreensão desta potencial desordem é importante, uma vez que os complexos proteicos estão envolvidos na fissão e fusão das mitocôndrias e fornecem a ligação com o citoesqueleto da célula e as proteínas envolvidas na síntese e transporte de lípidos. Em comparação, a membrana interna é ainda mais selectiva em termos de permeabilidade dos iões, que têm de passar através de transportadores bioquímicos em vez de poros. Estas proteínas complexas estão inseridas numa multiplicidade de cavidades, cujo número indica o nível de atividade celular. A estrutura e o número da rede mitocondrial variam consoante o tipo de célula e o tecido, dando uma ideia dos diferentes estados energéticos e das fases da atividade celular. A apoptose contribui para a situação a que chamamos de desequilíbrio estável para a manutenção da homeostasia do organismo, que se encontra num estado estatístico que o afecta desde a estabilidade relativa, sob controlo genético e epigenético, até à variabilidade aleatória e estabilizadora, dependente da energia dos complexos proteicos mitocondriais. Esta instabilidade manifesta-se normalmente durante a embriogénese, a metamorfose e a regeneração acidental dos órgãos. É este aspeto estruturante e/ou desestruturante de uma natureza fundamentalmente aleatória que se pensa contribuir para a coerência biológica vital de baixa energia gerada pelo movimento dos electrões e dos protões na membrana interna mitocondrial durante a respiração celular. Descrevemos a membrana interna que suporta cinco complexos proteicos, cada um dos quais é uma verdadeira unidade composta de nível de integração.

Após a redução do ciclo de Krebs ou a oxidação beta na matriz, quatro complexos acolhem uma sucessão de oxidações-reduções durante as quais o NADH e o FADH2 são re-oxidados. Através destas sucessivas oxidações-reduções, o transporte de electrões está correlacionado com a translocação de protões durante a ATP-sintase no complexo *V* e nos complexos de protina transmembranares *I, III, IV*, com exclusão do complexo *II* que não transporta qualquer protão.

(Δ Ψ) Δ pH̄ Esta translocação de protões da matriz para o espaço intermembranar através destes complexos de protina gera o potencial de membrana e dá origem a uma diferença que tende a aumentar no espaço intermembranar de uma força ácida fraca para uma força ácida forte. A força nominal próton-motriz *A p é dada* pela seguinte fórmula.

$$\Delta p = \Delta \Psi - (2{,}3RT/F)^* \Delta pH \qquad\qquad [2.14]$$

[1] R corresponde à constante dos gases perfeitos 8,314 J.mol.K T é a temperatura em Kelvin. *F* é a constante de Faraday, ou seja, 96 485 C.mol^{-1}

Em termos de energia, uma diferença de *pH* transmembranar de uma unidade equivale a uma diferença de potencial de 60 milivolts. Na mitocôndria, este valor situa-se entre 150 e 200 milivolts para uma diferença de *pH* de 0,5 no máximo. A diferença de potencial eletroquímico dos iões H_+ é conhecida como gradiente de protões e é considerada a força termodinâmica subjacente à síntese de ATP.

Este processo corresponde à teoria quimio-osmótica descrita pelo químico inglês Peter Dennis Mitchell (1920-1992), segundo a qual o acoplamento das reacções redox e da fosforilação induz a translocação de protões concomitante com o transporte de electrões. A acidificação do espaço intermembranar *(pH=6,2)* em relação à matriz *(pH=7,6)* provoca a fosforilação do ADP em ATP, a uma diferença de potencial de 120 milivolts. Esta teoria será completada pela do bioquímico Paul Delos Boyer (1918-2018) e do químico John Ernest Walker, associados ao Prémio Nobel de 1997, o físico Jens Christian Skou (1918-2018). O seu conceito de rearranjo e de transporte iónico estava relacionado com o quadro da teoria das unidades de nível de integração de Faustino Cordon. A sua filha Teresa colocou a hipótese do papel do campo de protões na pulsação e na coordenação da atividade celular após a longa fase metabólica, que precede uma curta fase de atividade celular, provocando a entrada de nutrientes e a saída de produtos residuais.[26]. Segundo Teresa Cordon :

Para que a ação celular seja o resultado da atividade de proteínas somáticas,
os conjuntos de proteínas somáticas devem estabelecer uma coordenação mais rápida e
mais integradora do que a estabelecida entre proteínas contíguas".
coordenação mais rápida e integradora do que
a que se estabelece entre proteínas contíguas".

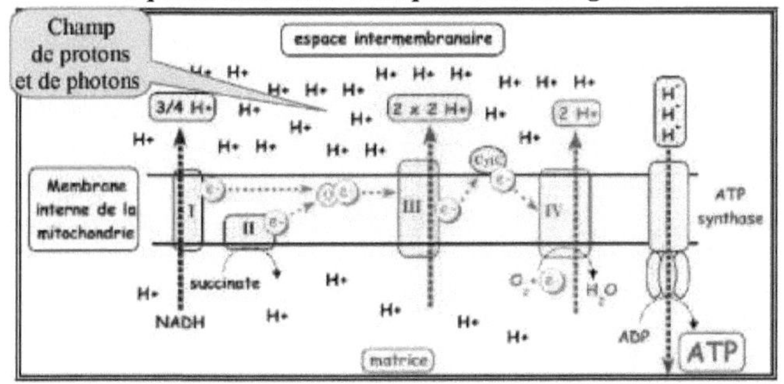

26. Campo de protões e fotões em saturação no espaço 1
espaço intermembranar.

---

26 Este processo tem lugar nas células da pele dos anfíbios
em contacto direto com o ambiente externo aquático ou aéreo.

Neste estudo de caso, de acordo com as minhas hipóteses de investigação naturalistas, o potencial protónico acumulado no espaço intermembranar passaria de uma força ácida fraca para uma força ácida forte, como uma onda pulsada de saturação, que, no limiar, reiniciaria instantaneamente os átomos e as moléculas da mitocôndria e da célula, modificando a sua permeabilidade e condutividade para "*alimentar*" a longa fase metabólica.

Esta hipótese obriga-nos a considerar os aspectos quânticos acima referidos, para demonstrar um grau de ceratogenicidade superior aos efeitos bioquímicos e termohidrodinâmicos que se produzem sob o controlo da ATP sintase, em função da relação ADP/ATP, que depende das necessidades energéticas imediatas da célula e do organismo para se alimentar em relação aos constrangimentos selectivos do seu ambiente.

Sem entrar nos mëandres da física quântica, propomos um modelo de teste sobre o prësumë papel do campo quântico pulsado de limiar de protões para assegurar a transição entre o nanoscópico, o microscópico e o macroscópico. Estas diferentes percepções das unidades de nível de integração sugerem singularidades de uma natureza principalmente do domínio estatístico da física quântica para os efeitos subjacentes, discretos e aleatórios, indistinguíveis dos processos de flutuação e dissipação termo-hidrodinâmica, durante a atividade discernível da célula .

As funções das mitocôndrias são essenciais para a fosforilação das oxidações e estão envolvidas no metabolismo dos açúcares, bem como noutras funções metabólicas importantes, tais como :

- O metabolismo do ferro, um oscilador fundamental, omnipresente nos complexos proteicos.
- Lípidos e aminoácidos.
- Sinalização de cálcio.
- A síntese das hormonas esteróides.
- morte celular, apoptose, envolvida na homeostase celular, embriogénese, metamorfose e regeneração de órgãos.

Temos também de ter em conta a fuga de electrões e protões devido às propriedades da membrana interna.

Gostaria de citar duas hipóteses prospectivas[27] sobre este assunto:

- Pensa-se que a principal causa de fuga é induzida pelas hormonas da tiroide, associadas a um aumento da superfície da membrana interna. A sensibilidade do iodo à luz é mostrada abaixo. *O* iodeto de hidrogénio *HI tem* um espetro de absorção entre 207 e 360 nanómetros de comprimento de onda, e a sua dissociação produz radicais livres (°) cujo rendimento quântico corresponde ao número de moléculas decompostas em relação ao número de fotões observáveis a energias superiores à energia de ligação do *HI.* A luz solar é captada pelas plantas durante a fotossíntese, enquanto os fotões que atravessam os alimentos se tornaram difíceis de discernir nos animais.

$$HI + Hv \rightarrow H^{\circ} + I^{\circ}$$
$$H^{\circ} + HI \rightarrow I^{\circ} + H_2$$
$$I^{\circ} + I^{\circ} + M \rightarrow H_2 + M \qquad [2.15]$$

Na presença de água que pode ser dissociada em H_2 e *O*, a reação seguinte também produz um radical de hidrogénio.

---

27 No quarto volume da suite naturalista, Indri indri, voyage aux origines de l'Humanite, discuto o papel do iodo no processo de hominização.

$$I + H_2 \rightarrow HI + H^{\bullet} \qquad\qquad\qquad [2.16]$$

Com estas possibilidades em mente, temos agora de olhar para a reação em cadeia ramificada do iodo, que tende a acelerar as decomposições bioquímicas em quantidades muito pequenas, *ao mesmo tempo que se regenera.* A sua concentração afecta a velocidade das reacções e a energia de ativação muito baixa, que induzem reacções em cadeia explosivas se forem amplificadas, e são por isso normalmente contidas a energias ë biológicas baixas.

. Na amorgage temos, $I_2 \rightarrow 2I^{\bullet}$

. $2I^{\bullet} \rightarrow I_2$, Após a reação em cadeia de termólise com outro ëlëment, quando o processo limite divergente se desfaz, obtemos , que volta à sua forma química original.

- A segunda causa de fuga de electrões e de protões provém das proteínas UCP capazes de transportar protões e envolvidas na termogénese. Estas proteínas de acoplamento, como a UCP1, estão presentes em grandes quantidades no tecido adiposo castanho.[28] cheio de mitchondria.

No final deste capítulo sobre a mitocôndria e as suas funções vitais devidas ao transporte de electrões e à translocação de protões, parece-me importante saber como reagem estas funções metabólicas a um campo quântico saturado de protões e de fotões, pulsado no limiar, para coordenar a atividade celular, tendo em conta os efeitos normais e anormais que se exprimiriam a diferentes níveis de resolução, de proteínas, de células, de animais...

---

28 Tratei do tecido adiposo castanho dos castores das Cevennes, que estão sujeitos a graves tensões térmicas e hídricas quando os rios secam sazonalmente.

Capítulo 3

Coordenação da atividade celular

Os protões expulsos da matriz pelos complexos proteicos *I, III e IV* da membrana interna para o espaço intermembranar da mitocôndria são protões "*acelerados*" pelo fluxo de electrões gerados pelas reacções redox que ocorrem nos cinco complexos proteicos. Estes protões cedem uma parte da sua energia quando são translocados para locais de transporte reorganizados. Ao acumular-se no espaço intermembranar durante a longa fase metabólica, este campo de *H+* aumenta a acidez deste espaço durante um período que corresponde à ressonância diferencial deste campo de protões *H+** que interage com os átomos da mitocôndria e da célula segundo a sua suscetibilidade magnética e paramagnética para os radicais livres. Quando o campo composto protão-fotão-átomo atinge a saturação, pensa-se que está na origem do limiar de desencadeamento e de coordenação da fase de atividade da célula, determinada pela necessidade imperiosa de se alimentar, necessidade vital que leva a esta ação.

No limiar, o campo pulsado resultante modificaria instantaneamente a conformação dos átomos da membrana interna e dos complexos proteicos em função das suas susceptibilidades magnéticas, actuando sobre a orientação dos spins, o que modificaria os seus níveis de energia em estruturas hiperfinas diiferenciadas. Este rearranjo espontâneo transformaria a permeabilidade e a condutividade das membranas da mitocôndria e da célula, cujo campo instantâneo, com a sua elevada celeridade de férmions e bósons, asseguraria efetivamente a unidade da sua coordenação.

Para explorar a transição dos níveis de energia do átomo de hidrogénio para formar *o H+*, baseei-me nos estudos citados anteriormente por Glass-Maujean (1974) que demonstrou as estruturas hiperfinas dissociando a molécula de *H2* através de um feixe de electrões lentos que colidem com o *H2* a baixa pressão num meio fechado. Do seu estudo local do diagrama de Zeeman, retive os níveis excitados n=3 e n=4 do átomo de hidrogénio, em relação aos valores de um campo magnético que mostra dois subníveis de Zeeman da mesma energia que se cruzam. Ao aplicar uma perturbação como a do campo pulsado de protões *H+*, que tende para a saturação do *H+** no limiar, estes dois subníveis seriam repelidos e cruzar-se-iam, introduzindo transições. Após a sua descrição da estrutura fina do átomo de hidrogénio utilizando a equação de Dirac, a equação de Pauli Darwin pareceu mais vantajosa para este tipo de investigação.

- A função de onda *Φ* tem a vantagem de ter apenas dois componentes.
- *Eobs* , corresponde à energia de ligação observável.
- *Eobs<!>* inclui termos correctivos, incluindo o termo Darwin.

$$((p^2/2m + eV - p^4/8m^3c^2 + e\hbar\sigma.(VV^\wedge p)/4m^2c^2 + e\hbar^2/8m^2c^2 \blacktriangledown^2 V))\ \Phi)$$

$$[3.17]$$

É a variação desta energia de ligação que nos interessa no contexto da translocação de protões *H+* excitados através de complexos proteicos, que se acumulam, presos no espaço inter-membranar mitocondrial.

- Os dois primeiros termos, *p2/2m* + *eV,* caracterizam o Hamiltoniano não-relativístico.
- [43]O terceiro termo, *p /8m c* 2, exprime a correção relativística.
- ˙O quarto termo, *ehe.(VV^p)/4mrc* , representa a interação spin-órbita.

- $e\hbar^2/8m^2c^2 \blacktriangledown^2 V$. O último termo de Darwin, , actuaria exclusivamente sobre os estados **s** em questão, específicos da "***não-localização do eletrão de Dirac***", que neste caso seria o valor médio do fluxo de electrões. [2]Incluiria uma parte que oscilaria a frequências relativistas = **2mc** e amplitude = **h/mc**, pelo efeito Zitterbewegung, ou seja, no limite relativista, a interação entre os electrões e o potencial do protão deixaria de ser local. Esta não-localização teria aplicação na variação oscilante da energia de ligação entre o fluxo de electrões redox e os protões *H+* trans-localizados, como força motriz protónica que actua durante a longa fase metabólica:

. Em primeiro lugar, sobre a extração da matriz de protões em exces por translocação quântica do tipo onda de Schrodinger, em direção e em complexos proteicos, por efeito túnel.

. Em segundo lugar, por uma relação relativamente mais localizada em sítios bioquímicos receptores constituídos por subunidades de complexos proteicos, periodicamente reorganizados para translocalizar estes protões de cada complexo para o espaço intermembranar.

Para o átomo de hidrogénio excitado, as medições de precisão deram uma frequência de lamb-shift de 5,88 +/- 0,65 Mhz no nível 3 e de 2,2 +/- 1,0 Mhz no nível 4. Esta experiência evidenciou as velocidades de formação dos diferentes níveis durante a dissociação da molécula de H2, estimada entre 17 e 25 eV. No limiar de excitação, a velocidade dos átomos produzidos foi de 8,0 +/- 0,3 km/s para uma energia de pré-dissociação de 17,23 +/- 0,04 eV.

Por outras palavras, dois processos pré-dissociativos que servem de referência para o nosso campo de aplicação.

- Um, para uma energia entre 17,2 e 18 eV, onde se formam átomos lentos, a cerca de 9 km/s. Esta é a hipótese que utilizamos para a translocação quântica e bioquímica dos protões *H+* nos complexos proteicos *I, III, IV* e *V*, em aplicação da equação de Schrodinger.

- A outra, para uma energia de 25 a 33 eV, dá átomos rápidos de 30 a 40 km/s. Hipótese da velocidade inicial dedicada ao campo de protões pulsados no limiar, tornando-se H+* altamente excitados até atingirem velocidades relativistas de acordo com *[3.17]*, uma vez atingida a saturação, o que corresponderia à aplicação da equação não linear de Schrodinger.

Os efeitos isotópicos devem ser considerados, particularmente nos rearranjos selectivos mais discretos e aleatórios a nível atómico e consëctivamente a nível molecular dos complexos de protëinas, membranas e componentes do meio celular :

- Por um lado, sobre a capacidade de translocação quântica na forma dissociada *H* sob o impulso do fluxo de electrões, a uma velocidade de 9 km/s, que cëde a sua energia livre estabelecendo as ligações bioquímicas de translocação de cada protão com consequências termo-hidrodinâmicas clássicas por flutuações-dissipações na regulação da temperatura, notáveis mais particularmente a muito baixa temperatura.

- Por outro lado, a formação do campo de impulsos protónicos limiares, com uma velocidade inicial de 9 km/s a *pH* baixo, aumenta para uma média de 40 km/s a *pH* alto, atingindo velocidades relativistas, quando o campo de impulsos protónicos e fotónicos limiares, que na saturação atinge um máximo de ressonância com os átomos da mitocôndria e do meio celular, se reorganiza por efeito Zeeman.

Inicialmente, o processo seria exclusivamente quântico e indistinguível devido à natureza celeste do campo de protões pulsados, em função da sua frequência e do seu comprimento de onda relativista, com a produção de interferências e divergências discretas. Tentemos apreciar as consequências entre o nanoscópico, o domínio das soluções frias, o microscópico e o macroscópico, o das soluções quentes, das unidades de nível de integração consideradas, proteínas, células, animais.

Utilizando a abordagem-modelo dos capítulos precedentes, demos conta deste processo, o que efetivamente fez emergir a ëvidência.

-Singularidades frias estritamente quânticas, que se exprimem por acoplamentos de ondas ao nível dos complexos proteicos e da membrana interna da mitocôndria.

- Das flutuações-dissipações de origem quântica indiscernível às extensões bioquímicas de soluções quentes discerníveis no domínio termo-hidrodinâmico clássico da célula.

Recapitulando, para responder à necessidade imperiosa da célula de se abastecer de nutrientes energéticos, reiniciando o seu processo vital de oxidação-redução associado à translocação de protões.

A respiração da célula biológica, que se desenrola nos complexos proteicos da membrana interna das suas mitocôndrias, é considerada como geradora de um campo unitário de H^{+*}. Este campo, formado durante a longa fase metabólica, quando atinge a saturação, ou o limiar, desencadeia e coordena a atividade da célula provocando rearranjos favoráveis às trocas entre a célula, o seu ambiente imediato e o seu meio circundante, para se alimentar e manter o fluxo de electrões em conjunto com o de protões. Estes complexos proteicos fornecem energia às células, cujos sistemas genéticos e epigenéticos regulam as suas capacidades estruturantes e/ou destrutivas, evoluindo a cada unidade de níveis de integração, emergentes e diferentes do anterior, mantendo a coerência vital do animal.

Durante a evolução contingente de uma espécie, a sua adaptabilidade depende de variações fundamentalmente aleatórias, inicialmente quânticas no espaço-tempo da sua resolução ao nível das proteínas e das células do animal, que se exprimem por uma variabilidade estabilizadora das mutações genéticas e das interacções epigenéticas na sua relação complexa, efetivamente darwiniana, com a aleatoriedade dos constrangimentos selectivos naturais e antrópicos, no espaço e no tempo.

Existem duas modëlizações de teste a opërer para discernir estes processos complexos:

- Durante a longa fase mëtabolica, considerërëe como um systëme fermë, a primeira modëlização corresponde ao transporte de ëĸ^ro^ juntamente com a translocação de protões para complexos de procina da membrana interna. Propomos uma esclwina ëlëmentar que combina aspectos, quânticos, bioquímicos e termo-hidro-dinâmicos.

- Durante a fase de curta activik, no que diz respeito ao campo de protões saturados, pu^ tem um limiar, que corresponderia não só à sua prësumëe capacitância para coordenar a activik celular, do sistema aberto, mas também às suas normais capacitâncias estruturantes e/ou dëstruturantes, e incidentais que estão por explorar, nomeadamente sobre a expressão de gënes.

"Em função do grau de divergência das ondas derivadas que se exprimiriam a longa distância, independentemente das dimensões do espaço-tempo".

Comecemos com a modëlização simplificada do teste, para modëlizar o campo de pи^ë que se acumularia no espaço intermembranar da mitocôndria durante a longa fase metabólica que precede a sua fase de ativação, mais curta. À medida que o campo protónico se acumula, a partir do final da translocação para o espaço intermembranar do H^+ a 9 km/s, após a interação dos protões H^{+*}, aumentaria para 40 km/s para atingir uma breve velocidade relativista na saturação de protões e fotões, interagindo com os átomos, até ao limiar de deëclenchement que provocaria a coordenação da activ^ da célula. Para a modëlização, consideramos este processo da lei de Poisson em função da sua velocidade relativística inicial de 40 km/s, num ambiente fechado como um corpo negro de grande frequência.

ou, $[40H^{+^*}]^3/(e^{[H^{++}]}-1)$ $\qquad\qquad$ [3.18]

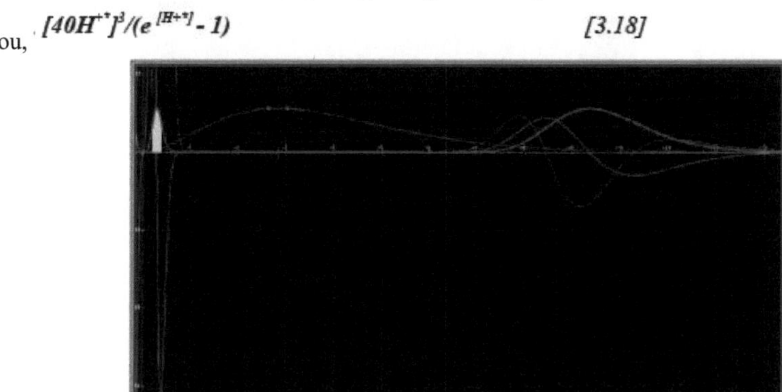

27- Modëlização da distribuição do campo pu^ de protões e fotões em saturação, no espaço intermembranar da mitocôndria.

\-   A curva vermelha representa a distribuição de probabilidade^ do campo de protões a uma velocidade inicial de 40 km/s, que atinge um máximo a uma velocidade relativista de saturação de protões e fotões (seta verde).

\-   A curva azul corresponde ao forjamento pela sua transformëe de wavelet, para simular o seu espetro de níveis de energia, relativísticos na saturação, compostë por férmions e bósons cujo comprimento de difusão *a* é analisado, a partir do primeiro zëro dos eixos.

. À esquerda, o pico positivo, deve ser considerado no domínio estritamente quântico com a sua dërivëe ^gativa, este poço de potencial singular (zona sombreada à esquerda) para a *"solução fria"* corresponderia a um pseudo-condensado, dëlimitë pelos pontos de inflexão e pelo máximo do pico positivo cuja intëgração dá uma dens^ de probabil^ próxima de 10, o que seria um efeito fugaz indiscernível.

\-   À direita, o campo dëcroit e manifesta-se por uma distribuição normal, no domínio termodinâmico, com ëquilibração de tempëraturas, uma *"soluções quentes"*, representësentëes pelos seus primeiro e segundo dërivëes.

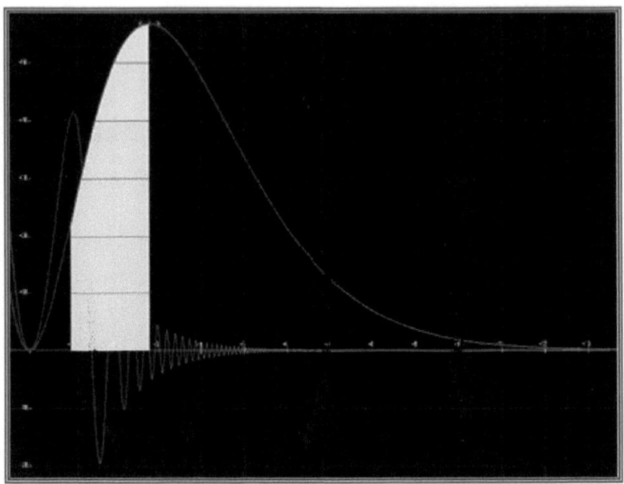

28- Simulação da onda do protão pu^e, na saturação.

- Na curva vermelha, o espaço пПёдгё do campo de protões e fotões a 40km/s atingiu a saturação, no seu máximo relativístico, a inlegração dá uma dens^ de probabil^ de 83, para 10 ёvaluё compatível com um pseudo-condensado.
- a curva azul simula a onda pu^e de protões e fotões na saturação, ou seja, :

$$83sin\ [H^+])^3 / (e^{[H+]} - 1) \qquad [3.19]$$

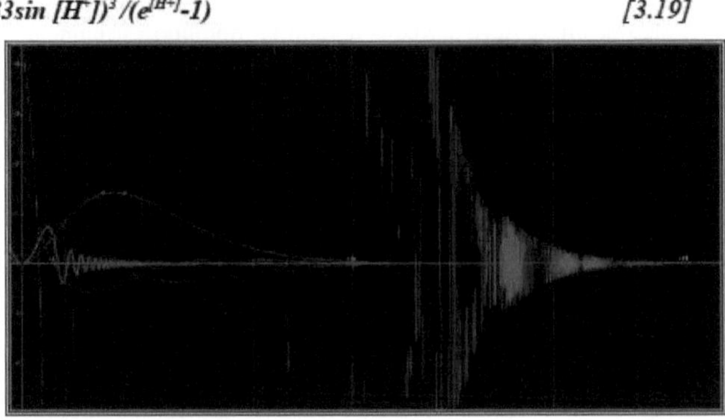

23- Simulação da onda dёrivёe divergente.

- A curva azul representa a onda pulsada. Com a saturação de protões e fotões, a primeira derivada apresenta máximos locais (linhas azuis verticais à esquerda) e a segunda derivada anula-se numa onda divergente problemática (à direita).

No limiar, como é que esta onda interage com os átomos da membrana interna e os seus complexos proteicos?

$1/\sqrt{N}_{atomes}\ \ 1/(ln\sqrt{N}_{atomes})^2$. Para uma média das flutuações da membrana e dos complexos proteicos, temos várias soluções que seguem o acoplamento das ondas resultantes.

Para membranas internas e externas :

$$83 \sin (x_{protons})^3/(e^x-1))^*(1/\sqrt{x_{atomes}}) \qquad [3.20]$$

para x protões e átomos na membrana interna.

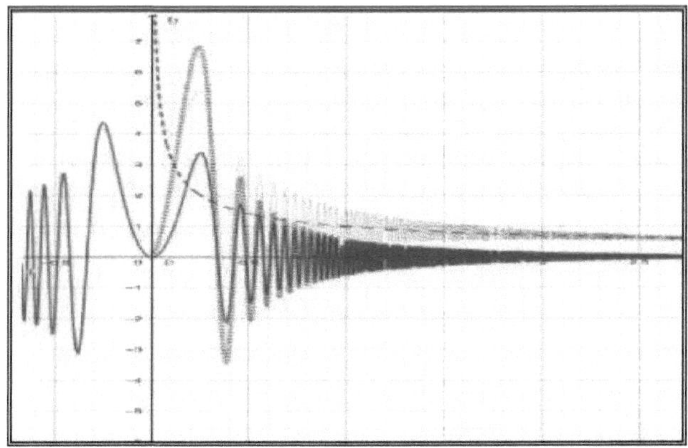

29. Simulação de uma onda de 1 pu^e de protões e fotões em saturação
(a vermelho) que interfere no limiar

com os átomos da membrana interna (verde a tracejado).

Duas soluções estão previstas:

-Para a **solução fria multiplicativa** (em violeta) ao alinharmos com a onda inicial vemos uma solução divergente em excesso (pico violeta positivo) que se anula, este poço de potencial seria o indicador de um pseudo-condensado mencionado^ no diagrama prëcëdente.

-A dëcalage da **solução quente aditiva** (em pontos verdes) daria uma solução divergente que se estabilisëe por absorção da onda em direção a regimes de flutuações e dissipações termo-hidrodinâmicas.

Para complexos de proteínas da membrana interna :

$$83 \sin (x_{protons})^3/(e^x-1))^*((1/\ln(\sqrt{x_{atomes}})^2)$$

Para x protões e átomos de complexos de protëina. *[3.21]*

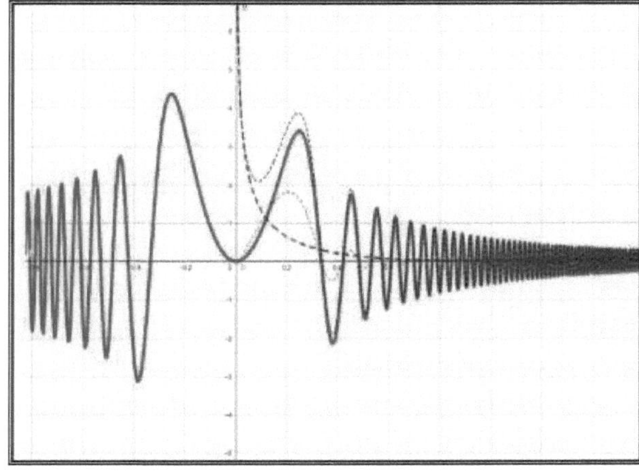

30. Simulação da onda de protões pulsada no limiar (a vermelho),
interagindo com átomos do complexo proteico (linha tracejada
azul).

Vejamos as duas soluções:

- *A solução fria multiplicativa*, o pico violeta que se anula, indicaria um pseudo-condensado.

- *A solução aditiva a quente* adopta um regime termo-hidrodinâmico.

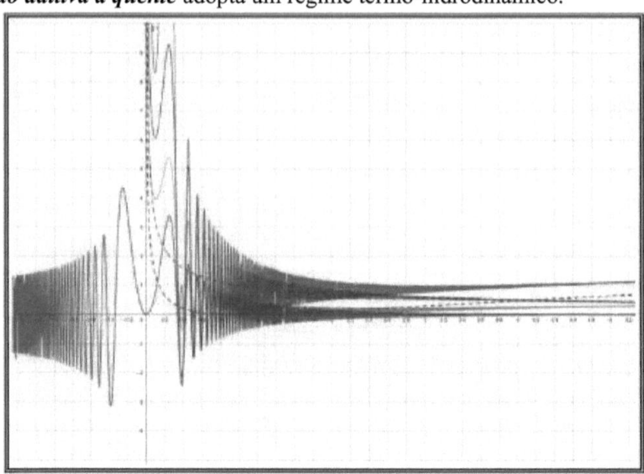

31. Simulação da onda pulsante de protões e fotões (vermelho), em
saturação, em interação limiar com átomos

da membrana interna e dos seus complexos proteicos.

Se observarmos todos os acoplamentos, o campo de protões e fotões em saturação apresenta dois picos (negativo e positivo) de condensação. O pico da direita é absorvido pela membrana e pelos complexos proteicos numa sobreposição de soluções quânticas frias inicialmente indistinguíveis, depois soluções quentes discerníveis que se sobrepõem num regime termo-hídrico-dinâmico de flutuações-dissipações que mascaram a solução fria.

Após esta abordagem visual, é necessário introduzir o formalismo da física quântica e passar ao modelo de teste utilizando a liquidação não linear de Gross e Pitaevskii.

para

$$\Psi = sin(83x^3)/(e^x-1). \qquad [3.22]$$

$$-id_t\Psi + \Delta\Psi + \Psi(1- |\Psi|^2) \qquad [3.23]$$

Ψ *-onda.*

$|\Psi|^2$ *densidade da onda.*

$\Delta\Psi$ *variação média da onda na armadilha.*

- para o primeiro termo, - $-idérivée_t ((sin(83x^3)/(e^x-1)).$ $\qquad [3.24]$

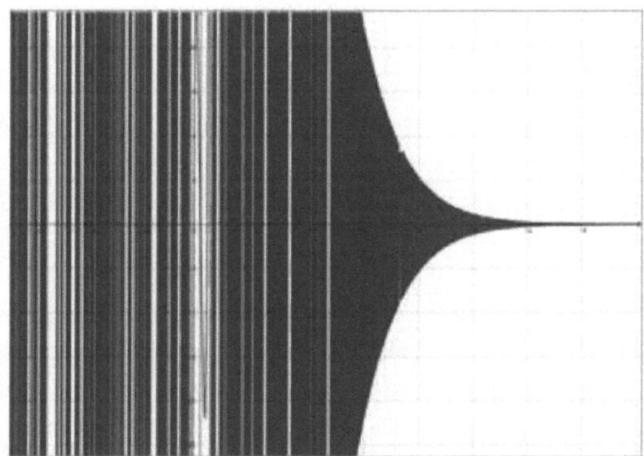

32. A onda decisiva é muito divergente, com
fases de intermitência a branco, nomeadamente em torno do ponto zero dos eixos,
zona de soluções frias e quentes, pormenorizadas nos gráficos
anteriores.

(1/√N) (1/√N) [2]Para o segundo termo, utilizamos as flutuações médias, que aprisionam os protões da membrana interna ou as flutuações médias dos complexos *In* protëine que constituem as restrições de liquidação externas.

((sin(83x³)/(eˣ-1))((1/√x)+ ln (1/√x)²) para x protões e átomos.

- Por último, o terceiro termo exprime a tendência não linear

$$((sin(83x^3)/(e^x-1))((1-(sin(83x^3))/e^x-1)^2) \qquad [3.26]$$

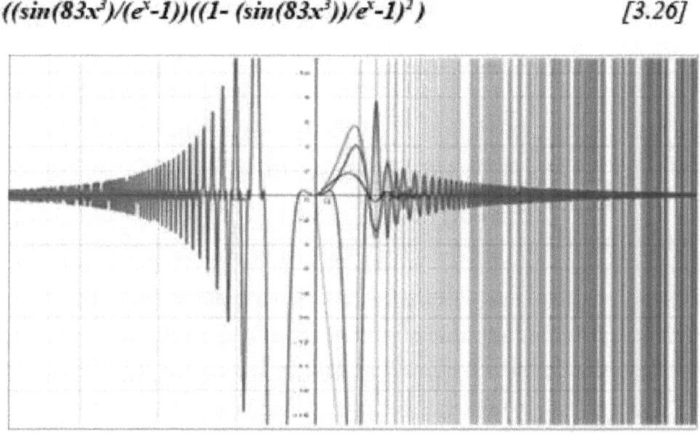

33. Simulação utilizando a liquidação não linear de
Gross e Pitaevskii.

O acoplamento destes três termos dá as soluções prováveis da onda pulsada (violeta), do campo de protões e de fotões na saturação e no limiar, durante as interacções com os átomos da membrana interna e os seus complexos proteicos.

As consëquências da sua divergência e dos poços de potencial (verde), bem como as dos modos de acoplamento (azul, vermelho, laranja), continuam por definir.

Note-se, os chapéus mexicanos (picos verdes muito nítidos) que se espalham em torno de zëro, que analisámosë prëcëdently como ësendo indicativos de um pseudo-condensado fugaz indistinguível, momentaneamente tem ëlevëe entropia e baixa ëenergia.

Este estado seria uma fonte de vórtices, ou seja, de remoinhos na origem de micro-estados, como sementes potenciais de crescimento e desenvolvimento, ou de regeneração.

Para resumir este capítulo, durante a fase metabólica da célula, os protões saem da matriz através dos complexos I, III e IV e voltam do espaço intermembranar para a matriz no complexo V, que regula a relação ADP/ATP em função das necessidades energéticas do animal, que é obrigado a alimentar-se.

- O fluxo de electrões como energia potencial actua sobre os protões provocando um efeito de túnel, esta força motriz dos protões extrai os protões da matriz que são translocalizados através de sítios receptores optimizados durante os ciclos da longa fase metabólica.

- As energias de ligação do fluxo de electrões polarizam o protão, o que justificaria a sua translocação para o local do átomo portador optimizado. Consideramos este complexo de energias de ligação não localizadas como um oscilador sensível a perturbações segundo a equação de Schrodinger.

Para baixas tempëraturas entre 0,1°C e 1,5°C, a deslocalização relativa do protão do seu aceitador daria origem a estruturas hiperfinas, uma vasta gama de energias que caracteriza o estado do oscilador, de acordo com o termo de Darwin *[3.17]*. Em função do seu nível de energia oscilante, o protão acelerado pelo fluxo de electrões e abrandado pelos átomos aceitadores continuaria a sua trajetória, neste túnel, em direção a um outro aceitador, antes de terminar no espaço intermenbranar, onde formariam um campo de protões e de fotões altamente excitados, em saturação.

De acordo com o nosso modelo da equação não linear de Gross e Pitaevskii, a coordenação da atividade da célula é operada por campos sobrepostos, criados a partir dos emaranhados estritamente quânticos de protões e fotões, onde a noção de espaço e de tempo se fundem.

- Um primeiro estado asseguraria a formação do campo que passaria de fraco a forte, numa combinação de protões e fotões em saturação, cujas interacções atingiriam velocidades relativistas.

- o segundo estado corresponderia à coordenação instantânea da atividade da célula, pela ação deste campo de protões e de fotões em saturação, tendo atingido o limiar, durante a sua interação diferencial sobre os átomos das membranas e dos complexos proteicos da armadilha intermembranar mitocondrial. A sua resolução daria inicialmente soluções frias no domínio da física quântica (pseudo-condensação, vórtices) e soluções quentes no domínio termo-hidrodinâmico da física estatística num meio biológico altamente integrado.

Por fim, resta considerar um estado mais problemático, que seria "*mais espalhado no espaço-tempo*" pela formação de um campo de deriva com tendência divergente cujas consequências não lineares discretas seriam ocultadas pela soma dos estados sobrepostos, que acabámos de destacar e que são discutidos na conclusão. Em particular, certos aspectos que seriam mais ou menos discerníveis, chamados biofótons com efeitos luminescentes, ou processos de electroporação que se manifestariam em função de gamas de frequências, quando não reacções em cadeia deletérias.

Energias biológicas baixas
e unidades de nível de integração
em teoria
processos evolutivos complexos.

Em 1970, três investigadores, Crowley, Neumann e Zimmermann, descobriram que os campos eléctricos aumentavam a permëabilitë da membrana celular, modificando a sua estrutura através da ëlectroporaçäo.

É assim que os sinais pulsados, como as ondas de radar, terão aplicações biomédicas na electroquimioterapia, um tratamento efectuado através de um campo elétrico pulsado com uma amplitude elevada da ordem de um kilo-volt/cm e uma duração muito curta, aplicado localmente em alguns micro-segundos. Esta configuração electromagnética modifica a permeabilidade da membrana e facilita a penetração de um tratamento adequado na célula.

A partir destas experiências de manipulação intracelular com campos pulsados na gama dos nanossegundos, aprendemos que a resposta da célula não é homogénea do ponto de vista eletromagnético, devido à sua composição e às interacções complexas que ocorrem no seu interior. [29]A membrana plasmática contribui para as trocas celulares através de proteínas que atravessam a sua bicamada lipídica, quer durante a difusão passiva de iões por osmose, quer durante o transporte ativo através de canais específicos de spë. O potencial médio de repouso da membrana plasmática é de cerca de setenta milivolts.

[2++]Comparativamente, a mitocôndria armazena iões Ca e H na matriz mantida a pH baixo, esta concentração de iões H é mais ëκyë no espaço intermembranar, como resultado a membrana interna tem um potencial de repouso inferior a cento e cinquenta milivolts correlativo às exigências do fluxo de electrões intramembranares. Expërimentë em uma célula ou tecidos (Thi Dan Thao Vu, 2012) um campo ë^й^^ pu^ induz um dëplacement de cargas nas faces externa e interna das membranas. Este potencial soma-se ao do potencial de repouso para atingir um limiar de cerca de um volt, provocando um rearranjo diferencial dos átomos de cada membrana e dos seus complexos de protëina, aumentando a sua permëabilitë modificando a sua condutividade dentro de certos limites. Estas experiências demonstram que, para campos de amplitude superior a um milivolt/m e com duração de nanossegundos a algumas centenas de segundos, as estruturas intracelulares reagem a estes breves impulsos. Dependendo de uma amplitude inferior a um milivolt/m e da duração de um campo de pue menor do que um milissegundo, o potencial efetivo deve ser reconsiderado, o que é acompanhado por um impulso para processos fisiológicos mais complexos e discretos, naturalmente estruturantes e/ou desestruturantes, que se manifestam desde a simples criação de poros até à apoptose[30].

A electroporação é tida como um processo instantâneo de impermeabilização que tende a prolongar-se no tempo com campos eléctricos da ordem de um nanossegundo, afectando as membranas de organelos como as mitocôndrias, que apresentam uma sensibilidade a estas ondas estimada em quatro nanossegundos e dez milivolts/m. Como resultado, os poros criados na membrana interna libertam citocromos C, activando as caspases e desencadeando reacções

---

29 A respiração cutânea por osmose é descrita em "L'Euprocte des PyrciKes".
30 A apoptose é a morte programada das células.

em cadeia que levam à apoptose e à morte programada, consoante o tipo de célula.

Numerosas experiências de bioenergética demonstraram a existência de impulsos electroquímicos nas mitocôndrias das células vegetais e animais, provavelmente pré-existentes nos procariotas. Foram formuladas várias hipóteses para justificar estes impulsos:

- A atividade reguladora ligada à ATP sintase, que já mencionámos.
- Transporte mitocondrial de aniões.
- O fluxo de cálcio e sódio.

Por outro lado, são citados "*processos subjacentes*" (Markus Schwarzlander et al, 2012) que envolveriam o potencial de membrana e o gradiente de pH, cujo fluxo de iões electrogénicos estaria correlacionado com o acoplamento de electrões e protões na membrana interna. $^{2+}$Nas plantas, um influxo de *Ca* provocaria uma pulsação por queda desse potencial, que se recuperaria num tempo muito curto. Esta dissociação poderia ser utilizada para contrariar a disfunção mitocondrial e abrandar a produção de ROS. Este fenómeno, testado em estados de stress induzido, foi estudado em bactérias e animais.

Na sequência das pesquisas de Alexander Gurwitsch, o biofísico Fritz-Albert Poop (1938-2018) estabeleceu a existência de impulsos luminosos ao ëvocar radiações celulares ultra-fracas que, segundo V. Mikhail Inyuschin (1975), seriam provenientes de um campo com propriedades reguladoras que englobam o organismo, como um bio-plasma. Estas investigações sobre os biofótons serão muitas vezes contraditas e dëcrëdibilisëes por publicações pseudocientíficas que se apoderarão desta energia dita "*subtil*", utilizando o termo quantum de forma inconsiderada e sem argumentos, correndo o risco de perder qualquer significado verdadeiramente científico. Como é que podemos evitar navegar nestas águas turvas?

34. Um oficial da marinha faz um balanço,
(estátua da Escola Naval).

Façamos um balanço das nossas explorações naturalistas de baixas energias biológicas. Descrevemos anteriormente a capacidade de um campo pulsado de protões para coordenar a atividade da célula quando esta atinge a saturação e o limiar, sugerindo a possibilidade de uma discreta propagação dos seus efeitos quânticos a ondas derivadas divergentes, a priori, com efeitos não lineares que são imprevisíveis durante um longo período de tempo.

O que acontece se uma perturbação no fluxo de electrões provocar uma escassez ou um excesso no campo de protões e nos desviarmos dos valores normais da atividade celular?

De acordo com as observações experimentais que acabamos de citar, a "*janela de disparo*" *do* campo de impulsos de protões e fotões em saturação seria da ordem de alguns nanossegundos e de cerca de dez milivolts/m de amplitude. Este valor parece ser demasiado baixo para provocar o rearranjo atómico heterogéneo e diferencial das proteínas e das membranas celulares no limiar, assegurando a sua permeabilização durante a curta fase de atividade celular. Além disso, este processo coordenado, que confirmaria a proposta da bioquímica espanhola Teresa Cordon, manifestar-se-ia a diferentes escalas de resolução das unidades de nível de integração - proteínas, células, animais - durante um período de tempo relativamente longo. Estas perturbações de origem estritamente quântica seriam condicionadas por interferências aleatórias dificilmente previsíveis a estes diferentes níveis sobrepostos.

Verifica-se que a frequência e a duração do campo de impulsos, uma vez atingida a saturação e o limiar, são critérios importantes durante a micro e a nanoporação, susceptíveis de modificar a permeabilidade incidente das membranas interna e externa das mitocôndrias e da célula: - A baixas frequências, a onda seria não penetrante, não atingindo suficientemente a membrana interna e os seus complexos proteicos, mas a sua ação local sobre o transporte de iões, a translocação de protões e as deslocações bioquímicas está ainda por considerar.

- A altas frequências, os efeitos biológicos seriam observados para um pulso de curta duração limitado a uma janela de disparo suficientemente eficaz para desencadear uma provável coordenação da atividade celular para alimentar a longa fase metabólica, quanto mais não seja para assegurar a manutenção da coerência vital, com ëmergências específicas em cada unidade de nível de integração.

- No entanto, as frequências intermédias subjacentes discretas tendem a provocar reacções em cadeia não lineares, quer naturalmente destrutivas quer induzidas por agentes externos (radiações, substâncias químicas perturbadoras, tensões diversas, etc.) com consequências mais ou menos discerníveis (biofotões, luminescência) em condições patológicas próximas da letalidade. São igualmente tidos em conta outros critérios físicos relacionados com as características da membrana e dos seus componentes, a permissividade da membrana e as suas propriedades.[31] A espessura da membrana deve ser incluída nos modelos.

No capítulo anterior, utilizando a equação não-linear de Gross e Pitaevskii, demonstrámos uma onda resultante divergente que cobre normalmente estas gamas de baixas e altas frequências, mas que também gera incidentalmente, como resultado de fortes interacções, a indução de frequências intermédias mais deletérias. Inicialmente, estas ondas caracterizam-se por um pico estreito e os seus comprimentos de dispersão tornam-se muito superiores a zero, devido ao efeito dos acoplamentos, pelo que a sua densidade de probabilidade seria um indicador de um pseudocondensado fugaz. O que consideramos ser uma solução fria especificamente quântica com possível formação de vórtices, estes vórtices estender-se-iam a soluções quentes no domínio da estruturação e/ou desestruturação de flutuações-dissipações termo-hidrodinâmicas, sob controlo genético e epigenético.

No nosso modelo, aplicado às unidades de nível de integração, proteína, célula, animal, no contexto dos processos complexos da evolução biológica e das transformações da civilização, propomos

Que o campo quântico limiar, pulsado pela carga de protões e fotões que atingiram a saturação no espaço intermembranar, actua de forma diferente sobre a membrana e os complexos proteicos. A suscetibilidade diferencial dos átomos da membrana interna e dos complexos proteicos a este campo pulsado limiar apresenta singularidades a que chamei convenientemente "*soluções frias*" para distinguir os processos quânticos indistinguíveis dos

---

31 *A permissividade corresponde à velocidade de propagação da onda num meio mais ou menos dispersivo, normal ou anormal. Se a forte dispersão for anormal em banda estreita, o átomo é condensado.*

processos termo-hidrodinâmicos mais discerníveis e observáveis conhecidos como "*soluções quentes*".

Para a membrana interna da mitocôndria, assimilada a um cristal líquido nemático numa camada associada a complexos proteicos, semelhante a um cristal líquido colestérico, demonstrámos nos modelos descritos nos capítulos anteriores :

- Uma solução quântica "fria", em que a onda positiva composta de protões e fotões em saturação, pulsada no limiar, tenderia para um estado efémero de condensado pseudo-Bose-Einstein acompanhado de uma divergência das suas ondas derivadas resultantes, a vários níveis de resolução de frequência e de energia. Esta gama seria biologicamente eficaz num curto espaço de tempo a baixa temperatura, dando origem a uma entropia elevada a baixa energia, provocando reacções em cadeia geneticamente e epigeneticamente controláveis, acompanhadas de uma diminuição da entropia e de um aumento da energia à medida que a coerência vital é atingida.

Isto tornar-se-ia incontrolável e destrutivo através de um aumento da entropia e da energia, em excesso, durante as reacções em cadeia que ocorreriam incidentalmente durante um longo período de tempo.

- estes complexos processos bioquímicos coordenados resultariam numa gama de soluções termo-hidrodinâmicas "quentes" através de flutuações e dissipações, suficientemente estruturantes e/ou destrutivas para cada unidade de nível de integração, com uma componente fundamentalmente aleatória, resultante das interferências dos acoplamentos quânticos no meio celular. Estes processos desenrolar-se-iam dentro dos limites das coerências vitais necessárias à manutenção da homeostase do animal e da valência ecológica da espécie durante a sua evolução contingente, que avaliamos em termos da sua adaptabilidade estocástica, que corresponde à razão entre a sua variabilidade estabilizadora sujeita a estas aleas fundamentais e a aleatoriedade dos constrangimentos selectivos externos, naturais e antropogénicos.

Uma vez que *estas* duas soluções interagem entre si, seria aconselhável definir o domínio das frequências intermediárias susceptíveis de perturbar a coordenação da atividade celular nas mitocôndrias. Isto está claramente fora da minha capacidade exploratória como naturalista, e tendo quase chegado ao fim deste ensaio, só posso sugerir que prossigamos esta importante linha de investigação.

Se a resolução termodinâmica clássica é resolvida pela produção de uma ëlëvação de tempëratura, o campo quântico resultante após a interação é considerado como sendo do tipo "*pacote de ondas divergentes*". As flutuações são normalmente dissipadas no ciclo mais regular de uma ëergia livre que se espalha ao longo do tempo aumentando, garantindo a estabilidade calórica do corpo, seja ele hëtërotérmico ou homëotérmico, em baixas ëne^e biológicas, Ipirticularmente durante a hibernação. Devem ser apreciadas as consequências dos efeitos ateatórios fortemente não lineares deste campo quântico resultante, muito divergente em excës, sobre a entropia e o potencial químico a muito baixa tempëratura. Em particular, o rearranjo dos átomos e dos módulos que abrem os poros e optimizam os locais de transferência de electrões e as translocações de protões altamente invulgares durante a curta fase de atividade celular que "*alimenta*" a sua longa fase metabólica.

De acordo com as nossas propostas dëveloppëes nos capítulos anteriores, a baixa tempëratura, quando as partículas dos átomos frios têm um comportamento ondulatório que é singularizado pelo seu comprimento de onda de, de Broglie que diminui, esta densidade atómica^ de bosões formaria um pseudo condensado de Bose-Eeinstein, que possëderait :

- Uma coerência de longo alcance, este estado singular do bio-plasma, um fator de coordenação ainda por provar, e as suas consëquências a avaliar a vários níveis.

- Um superfluido^, com formação de vórtices, na ausência de viscos^ formaria rotações pela nucteação de vórtices com extensões termo-hidro-dinâmicas dissipativas. Trata-se de potenciais germes cujo impacto no meio biológico (células estaminais, bactérias, vírus) e cohërence vital durante o desenvolvimento, a mëtamorfose e o ^ë^^ incidental de um órgão devem ser definidos.

Este ëtat é observável em gases de fraca interação (Mimoum, 2010) descritos pela teoria dos campos médios de Gross-Pitaevskii e Bogoliubov, que é um conceito de ondas macroscópicas numa situação de excitações colectivas. Expërimentalmente, para agir sobre este ëtate, seria possível procederë a uma sintonização destas interações configurando a piëgeagem mësoscópica associada aos confinamentos anisotrópicos de protões H+ altamente excitados *e* fotões virtuais, um estado pré-existente no espaço intermembranar mitocondrial.

Esta resolução experimental parece poder ser alcançada através de um tratamento spinor dos graus de liberdade ligados ao spin dos protões[32] dos protões, quer agindo sobre o fluxo de electrões, quer perturbando o campo protónico (pH, distribuição das cargas, secção efectiva), quer ainda agindo sobre os átomos armadilha da mitocôndria celular. Uma perturbação delicada para atingir estados de sobreposição macroscópica com correlações máximas, para estes iões (protões, electrões, radicais livres) presos na fronteira dos domínios quânticos e termo-hidrodinâmicos das unidades de nível de integração (proteínas, célula, animal).

Enquanto as interacções repulsivas dos protões *H+** altamente excitados tendem a expulsar as excitações da armadilha, as colisões entre átomos modificam rapidamente a função de onda na origem do pseudo-condensado, o que é verificado pela equação de Gross-Pitaevskii, tendo em conta as interacções derivadas mais ou menos divergentes. [-33-2]A armadilha teria de ser muito anisotrópica, por exemplo, para uma frequência de confinamento de 3 khz, teríamos um termo de interação de 10 8 kg m s e estados excitados dos átomos pelas suas interacções e pela temperatura, fora do condensado.

Além disso, podemos ver que as variações dos estados energéticos estão associadas às variações da entropia e notar a influência notável das interacções ferromagnéticas reversíveis:
Para a energia,

- Com baixa energia, um único estado ligado, entropia bastante elevada, especialmente a temperaturas muito baixas.

- A altas energias, ocorrem mudanças de fase críticas, e o seu impacto funcional tem de ser demonstrado a temperaturas muito baixas e depois a altas temperaturas.

Para o ferromagnetismo, se considerarmos o papel eminente dos osciladores de ferro incluídos nos complexos proteicos da cadeia respiratória.

- As interacções ferromagnéticas maximizam o spin total através do alinhamento dos spins.

- As interacções antiferromagnéticas minimizam o spin, pelo que o estado de spin total é baixo.

Estas interacções criam, por um lado, correlações entre os átomos do condensado e, por outro lado, excitações em estados não clássicos indistinguíveis.[33]Isto confirmaria o nosso modelo de um processo evolutivo complexo que, para valores do coeficiente de adaptabilidade inferiores a dois sujeitos a alea, se revela estruturante e/ou desestruturante, incluindo nas fases

---

32 Momento angular.
33 Pouco percetível em estado de tensão ou próximo da letalite.

intermitentes de forte não linearidade, que parecem ser estáveis.

Para esta solução quântica que nos interessa, segundo a teoria dos Condensados de Bose-Einstein, a super fluidezë dos dëgënërës gasosos foi dëmontrada pela observação de vórtices em condensados rotativos. Na mitocôndria, o confinamento altamente anisotrópico pelos átomos constituintes do espaço intermembranar, constitui um piëge gaussiano múltiplo com vários ëtats de pseudocristais líquidos (membranas, protëinas) para protões superexcitados com uma dominante inicialmente repulsiva, depois atractiva, quando o campo fraco muda para muito forte. Na saturação, este campo complexo é suscetível de produzir uma onda de impulso muito curta e de alta frequência, que se torna mais atractiva, no limiar, quando interage com os átomos presos no ambiente mitocondrial e celular. A questão é saber se, a este nível de saturação, existe a probabilidade de uma tendência para a formação de condensados de Bose Einstein a baixa temperatura crítica, onde, com toda a probabilidade, alguns protões e fotões estariam na mesma função de onda numa ou mais armadilhas gaussianas.

Nestas armadilhas magnetostáticas (Tannoudji,1997/1998), sob o efeito de gradientes de campo magnético e de arrefecimento magneto-calórico após colisão elástica entre os protões aprisionados, será que alguns deles podem adquirir energia de excitação suficiente para escapar da armadilha dando origem a uma solução quântica "*fria, não linear divergente*" com um efeito termo-hidrodinâmico clássico ou alternado?

Em detrimento dos outros, que poderiam adquirir uma temperatura mais baixa após a retermalização, durante a solução quântica "fria" de pseudo-condensação indistinguível.

Neste último caso, será que podemos de facto estabelecer uma ligação entre as propriedades microscópicas das soluções quânticas "arrefecidas" pela formação de um poço de potencial armadilha ($< 0°C$) a nível mesoscópico, e as macroscópicas com a manifestação de uma condensação incidental eventual a baixa energia biológica?

No que respeita à solução quântica, que tenderia para um estado não linear extremamente divergente, é necessário recordar as modalidades do caos clássico e da transição para o caos quântico, segundo Hadamard, Henri Poincare, Birkhoff e Anosov. Segundo David Ruelle, as trajectórias são muito sensíveis às condições iniciais e revelam-se imprevisíveis, caracterizadas por propriedades aleatórias emergentes. Para fazer a transição do caos clássico para o caos quântico, os investigadores estudam a dinâmica das ondas quânticas para compreender a sua evolução, a fim de estimar as consequências para a sua estrutura e avaliar a sua distribuição espacial como ondas estacionárias. No contexto da geometria simétrica, quando se estuda o comportamento de um sistema com trajectórias não lineares estáveis ou instáveis durante a sua evolução, utiliza-se a noção de intercalação complexa. A equação de Hamilton, expressa geometricamente independentemente das coordenadas, sugere que a mecânica ondulatória está de facto "*escondida*" atrás da mecânica clássica, e a correspondência clássica/quântica é designada por análise micro-local. Uma distribuição de pontos inicialmente concentrados fora do equilíbrio estável dispersa-se numa direção instável e converge para a distribuição de equilíbrio numa mistura não linear. Este estado de transição é adaptado aos fluxos de Anosov.[34] para uma análise semi-clássica. Este caos quântico seria uma dinâmica quântica definida pela equação de Schrodinger cujo Hamiltoniano é tal que o fluxo clássico seria uma solução não linear mais próxima das soluções da equação de Gross-Pitaevskii, que utilizámos.

---

34 Um sistema Anosov hiperbólico teria uma dinâmica extremamente caótica.

Para o campo dos protões excitados que interagem com os átomos heterogéneos das membranas e específicos dos complexos proteicos, referimo-nos às repulsões dos níveis de estrutura ultrafina em interferências complexas, inicialmente entrelaçadas, excessivamente misturadas durante a interação. A resolução quântica "a *longo prazo*" de Paul Ehrenfest das flutuações em torno da média estaria sujeita a recorrência por um regresso ao instante inicial, o que acentuaria a não linearidade, aumentaria o processo divergente e as reacções em cadeia normalmente controladas pelos processos genéticos e epigenéticos, ou tornar-se-ia incontrolável, o que nos coloca uma série de questões.

Assim, para um sistema periodicamente aberto como a mitocôndria, se assumirmos que o impulso do campo quântico limiar coordena a curta fase de atividade da célula. Convém lembrar que as partículas (electrões, protões, iões) podem escapar para o infinito durante a difusão quântica com ressonâncias discretas, como a solução quântica não linear com máximos locais singulares em valores complexos que influenciariam a dinâmica da atividade celular durante um longo período de tempo. Por exemplo, perturbando sub-repticiamente a resolução termodinâmica clássica através de reacções oxidativas em cadeia deletérias (radicais livres, criação de pares, etc.) susceptíveis de se tornarem naturalmente patológicas, alterando a regulação genética, muito dependente das baixas energias biológicas.

35. Cerf ëlaphe, lumiëre e reprodução sexual.
As estruturas biológicas não são estáticas; a coesão vital depende de fluxos internos dinâmicos e de trocas com o meio ambiente, da matéria (onda e corpúsculo), ao mesmo tempo energia e informação, um estado de desequilíbrio instável que evolui diferentemente no espaço e no tempo, provocando :
-    Uma degradação inevitável, como o envelhecimento, as patologias e a morte.
-    Actividades rítmicas coordenadas e reguladas que garantem temporariamente a coerência vital, a reprodução e a adaptabilidade, durante a revolução das espécies.
-    As taxas de crescimento e de reação em cadeia são gënëticamente controladas durante o desenvolvimento de cada organismo, a sua metamorfose e a sua capacidade de regeneração.
Isto levou-nos a definir as condições iniciais e os limites de adaptabilidade de uma espécie, durante a sua evolução biológica, que é fundamentalmente estocástica, na sua dupla vertente quântica, aleatória e indiscernível, agora classicamente discernível, afinal estruturante e/ou

desestruturante. Estas variações potenciais são confrontadas com as circunstâncias aleatórias dos constrangimentos selectivos naturais, e agora geradas em excesso pelas nossas actividades sociais e económicas predominantes, que perturbam os parâmetros da relação de adaptabilidade.

Este ensaio naturalista sobre a biologia de baixa energia coloca-nos ao alcance de aceleradores de partículas pouco exigentes em termos de energia, mas de uma complexidade desconcertante que combina os níveis de resolução da física quântica com os da física clássica aplicados aos processos complexos da revolução biológica e das transformações da civilização. Após as minhas experiências como oficial da marinha e as minhas viagens pelo mundo, efectuei numerosas observações naturalistas para desenvolver a teoria da revolução biológica e das transformações da civilização pelo efeito de inversão (Tort, 1983). Ao escrever os quatro volumes da suite naturalista, este ensaio foi uma exploração essencial de um passo importante para uma melhor compreensão destes complexos processos evolutivos.

Em contraste com os baixos níveis de energia biológica, a nossa civilização utiliza uma energia considerável para satisfazer as suas necessidades mais vitais e para satisfazer desejos inconsiderados, um assunto que será tratado em *"L'Homme desarticule"*. Este ensaio pretende ser um balanço prospetivo, uma reflexão necessária antes de escrever a *"Sétima corda"*, que será a síntese final das minhas investigações, uma espécie de sinfonia, necessariamente inacabada...

36. Viola da gamba de sete cordas

O tubarão da Gronelândia

Entre os animais que vivem a baixas temperaturas, o tubarão-da-Groenlândia, *Somniosus microcephalus,* vive nas profundezas geladas das águas do Ártico e caracteriza-se por uma longa vida útil, medindo 7,3 metros de comprimento e pesando 1200 kg. O seu corpo cilíndrico é coberto por uma pele que mistura castanho, tons de cinzento e preto, coberta de dentículos cutâneos pontiagudos e escamas placóides. Este tubarão vive entre a superfície e os 2.200 metros, atingindo uma profundidade de 2.774 m onde a pressão é de 277 bares. Nada muito lentamente, quase imóvel, e é vivíparo, com as crias a desenvolverem-se e a eclodirem no interior da fêmea, sem placenta.

A sua fisiologia e o seu metabolismo estão adaptados à profundidade, à salinidade e às baixas temperaturas das profundezas do Ártico. Tal como as células da pele do tubarão-da-lama dos Pirinéus (Calotriton asper asper), a função osmótica e respiratória das células do tubarão-da-Gronelândia suscitaram-me interrogações, nomeadamente sobre o processo de produção de um produto tóxico que confere um sabor forte à carne de tubarão tão apreciada pelos habitantes da Gronelândia.

Para alØm da Ægua do mar que ingere e descarrega atravØs das guelras enquanto se move lentamente em torno do corpo, a Ægua do mar e os solutos atravessam o corpo por osmose atravØs das cØlulas da pele, irrigando inversamente os tecidos e órgªos. As proteínas e o óxido de trimetilamina, produzidos pela decomposição metabólica das protinas e dos aminoácidos em condições extremas de temperatura e pressão, contribuem para esta osmose direta com a água do mar, mas não atravessam as membranas selectivas envolvidas no equilíbrio salino.

Normalmente, nos peixes, quando o sal e outros solutos penetram nos tecidos, a água é expelida do corpo. Como a concentração de sal nos peixes marinhos é inferior à da água do mar, os peixes têm de absorver continuamente água através das guelras para excretar o excesso de sal.

A concentração de sal no tubarão-da-Groenlândia também é mais baixa do que no seu ambiente, mas a sua gestão da osmose é diferente. Para manter uma quantidade estável de água no seu corpo, o tubarão-da-Groenlândia retém uma elevada concentração de ureia no sangue, que compensa a menor concentração de sal, localizada nas células da pele. No entanto, uma vez que um nível elevado de ureia tóxica danificaria o organismo ao desestabilizar as proteínas, o tubarão-da-Groenlândia deve também reter um nível ainda mais elevado de óxido de trimetilamina para contrariar os efeitos da ureia. Quando o óxido de trimetilamina e a ureia se combinam com o sal nos tecidos do tubarão-da-Groenlândia, a pressão osmótica dos seus fluidos corporais torna-se mais elevada do que a do seu ambiente, permitindo-lhe suportar a pressão das profundezas do mar.

Isto significa que o tubarão-da-Groenlândia é mais sujo do que a água do mar. Ao contrário dos peixes ósseos, que têm de ingerir água constante e ativamente para repor a água perdida por osmose, o tubarão-da-Groenlândia não precisa de gastar energia para manter o nível de água necessário para se manter vivo.

Para além de contribuírem para a pressão osmótica do tubarão, o óxido de 1 trimetilamina e a ureia actuam como um anticongelante natural que estabiliza as enzimas e as protëinas nos tecidos do tubarão-da-Groenlândia. Quando o tubarão passa por condições extremas de baixas tempëraturas e profundidades extremas, evitam a formação de cristais de gelo que perfurariam as membranas celulares, levando à perda de conteúdo celular, destruição de órgãos e morte. Quando a carne do tubarão-da-Groenlândia é consumida, o processo digestivo transforma o óxido de trimëtilamina em trimëtilamina, uma substância com um forte odor a amoníaco ou a peixe podre. Para além de provocar dores intestinais, a trimetrilamina tem um efeito neurológico semelhante ao do consumo excessivo de álcool. Em casos extremos, pode ocorrer a morte quando se consome demasiada carne. O tubarão da Gronelândia é, no entanto, considerado um prato favorito na Islândia, onde se come Hakarl. Para além deste aspeto culinário, é um objeto de estudo sobre as baixas energias biológicas e um convite à exploração dos pólos.

Bibliografia

- Albert Einstein, *La relativite*, la petite bibliotheque Payot, 1963.
- Andrianaivomananjaona Tiona, *Mecanismos de regulação da ATP Sintase mitocondrial de S. cerevisiae pelo seu péptido endógeno IF1 e estudo da oligomerização do IF1 de S. cerevisae*, tese na Universidade de Paris XI, 2011.
- Arneado Alain, Argoul Frangoise, Bacry Emmanuel, Elezgaray Juan, Muzy Jean-Francois, *Ondelettes, multifractales et turbulences*, Diderot, 1995.
- Bernal J.D., Haldane J.B.S., Pirie N.W., Pringle J.W.S., *A discussion of the origin of life*, Rationalist Union, 1955.
- Brackett S. Frederick, *The presents state of physics*, The american association for the advancement of science, 1954.
- Cassë Michel, *Du vide a la creation*, Editions Odile Jacob, 1995.
- Cohen-Tannoudji Claude, *Etude de la condensation de Bose- Einstein des gaz atomiques ultra-froids, cours 1997/1998/1999. diatomiques ultra-froids*, cours du College de France 1997-1998.
- Cohen-Tannoudji Claude e Spiro Michel, *Le boson et le chapeau mexicain*, Gallimard, 2013.
- Cottet-Rousselle Cecile, *Mesure par microscopie confocale du metabolisme mitochondrial et du niveau energetique cellulaire au cours d'épisodes de carences en substrats et/ou en oxygene*, tese de doutoramento em biologia celular e molecular e ciências da saúde, Ecole Pratique des Hautes Etudes, 2016.
- Cox Brian e Forshaw, *The Quantum Universe,* Dunod, 2013.
- Cunchillos Chomin, *Les voies de l'emergence*, Belin, 2014.
- De Duve Christian, *Singularites*, Odile Jacob, 2011.
- Feynman Richard, *The Nature of Physics*, Seuil, 1980.
- Feynman Richard, *Lumiere et matiere*, InterEditions, 1987.
- Popp Fritz-A, *Biologie de la lumiere*, Editions Marco Pietteur, 1989.
- Froger Jean-Francois e Lutz Robert, *Fondements logiques de la physique*, DësIris, 2007.
- Glass-Maujean Michele, *Etude par la methode des anticrosements, des niveaux n=3 et 4 de l'atome d'hydrogene excite forme par dissociation de la molecule H2*, These de doctorat d'Etat es sciences physiques, Universite de Paris, 1974.
- Herzberg Gerhard, Atomic *spectra and atomic structure*, Dover publications, 1944.
- Jackson L.C., Low temperature physics, Methuen, 1950.
- Landau Lev e Lifchitz E, *Physique statistique*, Ellipses, 1994.
- Markus Schwarzlander, David C. Logan, Iain G. Johnston, Nick S. Jones, Andreas J. Meyer, Mark D. Fricker, Lee J. Sweetlove, *Membrane potential pulsation in individual mitochondria: a stress-induced mechanism to regulate bioenergetics in Arabidopsis*, the plant cell, 2012.
- Mayr Ernest, *Populations, especes et evolution*, Hermann, 1984.
- Mimoun Emmanuel, *Sodium Bose-Einstein condensate in a mesoscopic trap*, Université Paris 6, 2010.
- Monod Jacques, *Le hasard et la necessite*, edições do Seuil, 1970.
- Naisse J.P., *Effets de polarisation du vide dans la diffusion proton-proton en onde S*, Bulletin academie royale de Belgique, 1972 (páginas 872/873).
- Nonnenmacher Stephane, *quelques aspects du chaos quantique*, tese de 5 de junho de

3009, Université Paris Sud, faculte des sciences d'Orsay.
- Prigogine I. e Glansdorff P., *Structure, stabilite et fluctuations,* Masson, 1971.
- Ruelle David, *Hasard et Chaos*, Odile Jacob, 1991.
- Rush J.H., *L'origine de la vie*, petite biblotheque Payot, 1969.
-Schrodinger Erwin, *Qu'est ce que la vie*, Christian bourgeois, 1986.
- Schrodinger Erwin, *O que é a vida?* 1986, Christian Bourgeois Editor.
- Schrodinger Erwin, *Physique quantique et representation du monde*, Seuil, 1992.
- Tolansky S., *Hyperfine structure in line spectra and nuclear spin*, Methuen,1953.
- Tort Patrick, *Pour Darwin*, puf, 1997.

32. A onda derivada é muito divergente, com fases de intermitência a aparecerem a branco, particularmente em torno do zero dos eixos, uma zona de soluções frias e quentes dëtaillëe no gráfico prëcëdent.
33. Simulação utilizando a liquidação de Gross e Pitaevskii.
34. Um oficial da Marinha faz um balanço (Estátua da Escola Naval).
35. Cerf ëlaphe, lumiëre e reprodução sexual.
36. Viola da gamba de sete cordas.
37. Capa de Lastiëre, autor Claude Rouquette.

ENERGIA BAIXA
ORGÂNICO

Como complemento dos quatro volumes da suite naturalista, este ensaio sobre as baixas energias biológicas foi necessário para explorar as transições entre a mecânica quântica e a física estatística em ação nas unidades de nível de integração dos organismos vivos, proteínas, células e animais. De interrogação em interrogação sobre a coordenação da atividade celular, o historiador e naturalista marinho Claude ROUQUETTE embarca numa viagem de descoberta, sondando as profundezas das baixas energias para fazer o balanço dos processos complexos da evolução biológica, intimamente associados às transformações da civilização.

Antigo oficial da marinha,
especializado em segurança e ambiente,
Claude ROUQUETTE está a realizar
investigação fundamental e aplicada sobre
processos evolutivos complexos. Como
autor e conferencista, é responsável pela
promoção da investigação científica a longo prazo.

Charles Darwin International, dirigido
pelo Professor Patrick Tort.

More Books!

yes I want morebooks!

Buy your books fast and straightforward online - at one of world's fastest growing online book stores! Environmentally sound due to Print-on-Demand technologies.

Buy your books online at
www.morebooks.shop

Compre os seus livros mais rápido e diretamente na internet, em uma das livrarias on-line com o maior crescimento no mundo! Produção que protege o meio ambiente através das tecnologias de impressão sob demanda.

Compre os seus livros on-line em
www.morebooks.shop

info@omniscriptum.com
www.omniscriptum.com

OMNIScriptum

Printed by Books on Demand GmbH, Norderstedt / Germany